KB144446

중학교 수학
실력이면 보이는
오일러의
공식

중학교 수학
실력이면 보이는

오일러의
공식

| 스즈키 칸타로 지음 | 이경원 감역 | 김희성 옮김 |

$$e^{i\pi} = -1$$

BM (주)도서출판 **성안당**

시작하며

◀ '인류의 보물'이 가진 아름다움을 느껴보자

수학책은 흔히 '수식이 하나 늘어날 때마다 책의 판매 부수가 줄어든다.'라고 합니다.

그래도 수학적인 사실을 설명하려면 아무래도 수식이 필요하며, 심지어 몇 줄씩 나열되는 경우도 있습니다. 수학을 아무리 잘하는 사람이라도 $=$나 $\Leftrightarrow$로 계속 연결되는 수식을 눈으로만 보고 쉽게 이해할 수는 없을 것입니다(아마 불가능할 것이라 생각됩니다).

$$a^m = M \Leftrightarrow \log_a M = m \, (a \neq 1, \ a > 0, \ M > 0)$$

$$a^n = N \Leftrightarrow \log_a N = n \, (N > 0)$$

$$a^{m+n} = a^m \times a^n = MN$$

$$a^{m+n} = MN \Leftrightarrow m + n = \log_a MN = \log_a M + \log_a N$$

$$\therefore \log_a MN = \log_a M + \log_a N$$

　　($\therefore$ 기호는 '그러므로' 또는 '고로'라는 의미)

이 문자들을 보고 내용을 이해할 수 있는 사람은 거의 없을 것입니다. 그렇다고 줄이 바뀔 때마다 설명을 추가하면 내용이 방대해져 더 이해하기 어려워질 수도 있습니다.

수학을 이해하는 데 가장 좋은 방법은 수식만 본 상태에서 그 식을 잘 아는 사람에게 설명을 듣는 것입니다. 이 책의 경우 수식 부분에 대해 저자가 직접 해설한 동영상을 유튜브 (YouTube)에서 볼 수 있으므로 책과 동영상을 함께 살펴보면 한층 더 깊게 이해할 수 있을 것입니다.

이 책의 목적은 '인류의 보물'이라고 불리는 오일러의 공식에 관해, 중학교 수준의 수학 지식에서 출발해 스스로 생각을 확장할 수 있을 때까지 '이해'하는 것입니다. 또한 영화로도 만들어진 오가와 요코(小川洋子)의 소설 『박사가 사랑한 수식』에서 주인공인 수학자가 좋아한 수식이 바로 이 오일러 항등식인 '$e^{i\pi} = -1$'입니다.

여기서 오일러의 공식을 '태양'에 비유해봅시다. 같은 태양이라도 평소 맑은 날에 올려다보는 것보다 후지산 정상에서 운해를 뚫고 떠오르는 모습을 바라보는 것이 압도적으로 아름답게 느껴질 것입니다. 이런 해돋이를 보면 자신도 모르게 손을 모으고 기도하고 싶어질 수도 있습니다. 그 이유는 자신의 발로 일본에서 가장 높은 해발 3,776m까지 오르는 과정을 거쳐 시야가 탁 트인 정상에서 바라보기 때문일 것입니다.

'인류의 보물'이며 '박사가 사랑한 수식'인 오일러의 공식도 마찬가지입니다. 몇 가지 수학의 정의와 공식, 정리 등을 머릿속에 넣어 감상에 방해가 되는 '무지'를 없애고, 수학적 시야가 360° 탁 트인 장소에서 이 공식을 바라본다면 그 장엄함이 각별하게 느껴질 것입니다.

오일러의 공식을 후지산 정상에서 바라보는 해돋이라고 한다면, 몇 분 간의 감동적인 일출을 보기 위해 약 8시간 동안 등산하는 노력에 해당하는 것이 중·고등학교에서 배우는 수학의 기본 정의나 공식, 정리 등을 머리로 '이해'하는 것입니다. 여기서 중요한 부분은 어디까지나 '이해'하는 것이지 공식을 '기억'하는 것이 아니라는 점입니다.

예를 들어 직각삼각형을 사용하는 피타고라스의 정리

$(a^2 + b^2 = c^2)$는 대부분 알고 있을 것이라 생각합니다만, '이 것을 증명할 수 있는가?'라는 질문에 자신 있게 대답할 수 있는 사람은 별로 없을 것 같습니다.

또한 $y = x^3 + 3x^2 + 1$을 미분하면 $y' = 3x^2 + 6x$가 된다고 답할 수는 있어도 왜 그렇게 되는지 설명하기는 어려울 것 입니다.

수학에서 증명할 수 없는 공식과 정리는 역사를 공부할 때 어떤 사건이 일어난 연도만 달달 외우는 것과 같습니다. 역사 를 배울 때는 어떤 사건이 일어난 배경과 요인, 후대에 미친 영 향 등을 제대로 아는 것이 가장 중요하며 연도는 그 다음입니 다. 결국 이렇게 공부한 사람이, 연도는 정확하게 말할 수 있지 만 역사적 배경 등을 전혀 모르는 사람보다 훨씬 더 역사에 정 통한 사람이라고 할 수 있습니다.

오일러의 공식이란? 동영상▶Vol.1 윤황현▶Vol.1

$$e^{i\theta} = \cos\theta + i\sin\theta$$

 이 식이 오일러의 공식이며, 이 식의 θ(세타)에 π를 대입한 다음 식이 오일러 항등식입니다(공식이란 어떤 값을 대입해도 성립되는 식을 말하며, 그 공식에 어떤 구체적인 수치를 대입해 얻은 것이 항등식입니다).

$$e^{i\pi} = -1$$

 이 식에서 각도·원주율을 나타내는 π(무리수), 로그를 미분하기 위해 만든 e(무리수), 방정식을 풀기 위해 억지로 만든 i(imaginary number＝상상의 수＝허수)와 기하학, 해석(미분·적분), 로그(방정식)를 연결하면 그 결과가 신기하게도 −1과 같이 심플한 정수가 됩니다. 이 식을 이해한 사람들은 바로 이러한 점에 매료되곤 합니다.

 참고로 오래 전 누군가가 π를 원주(원의 둘레)/지름이라고 정의했는데, 이것을 인류 역사상 가장 큰 실패라고 말하는 사람도 있습니다. 만약 π를 원주/반지름이라고 정의했다면 오일러의 항등식은 $e^{i\pi}=-1$이 되어 더 아름다워질 수 있었기 때문입니다.

이 공식과 항등식에는 중고등학교 수학의 거의 모든 진수가 들어 있습니다. 그 진수들을 하나씩 쌓아올림으로써 마지막에 3,776m의 정상에서 해돋이를 감상하는 것처럼 '$e^{i\pi}$ =−1'을 음미할 수 있도록 하는 것이 이 책의 목적입니다.

저는 사실 고등학생 때 낙오자에 가까웠고 수학은 0점을 받은 적도 몇 번 있습니다. 대학도 수학과는 무관한 학부로 진학했습니다. 이런 경력을 가진 제가 유튜브에 '중학생 수준의 지식으로 오일러의 공식을 이해해보자'라는 시리즈를 투고했고 호평을 받았습니다.

그 이유는 미숙한 편집기술로 인해 짧은 컷을 이어 붙인다는 생각을 할 수 없었기 때문입니다. 즉 40분 이상 긴 내용을 달달 외워서 촬영하는 것은 불가능하므로, 기본 원리 원칙부터 익힌 후 나만의 언어로 전달한 것이 시청자에게 호응을 얻었던 것 같습니다.

처음 찍은 동영상은 장황한 설명이 이어지는 등 부족한 부분이 많았기 때문에 이 책의 내용에 맞춰 다시 촬영했습니다.

수학을 공부하다 보면 식 변형과 같이 보는 것만으로는 이해하기 어렵지만 다른 사람에게 설명을 들으면 쉽게 이해되는 경우가 있습니다. 이 책도 동영상과 함께 보면 내용을 더 깊이 이해할 수 있을 것입니다.

◀ 학문에 왕도는 없다

어느 날 동영상을 시청하신 분에게 다음과 같은 이야기를 들었습니다.

"동영상을 본 후 에베레스트 산 정상까지 헬리콥터로 올라간 것 같은 느낌을 받았습니다. 사실 저는 7년쯤 전에 『오일러의 선물』이라는 책을 구입했는데요. 이 책을 보며 오일러의 공식을 증명하는 것이 퇴직 후의 소소한 즐거움이었습니다. 그러나 추상적이고 복잡한 수식 앞에서 몇 번이나 좌절을 경험했으며, 결국 이루지 못한 꿈으로 끝나가고 있었습니다. 그때 운 좋게 이 동영상을 만났고 나흘 동안 집중해서 시청했습니다. 지금은 너무 상쾌한 기분이라 감동적이기까지 합니다.

감사합니다."

이분은 '에베레스트 산 정상에 헬기로 올라간 것 같다'고 표현했지만, 동영상에는 고등학교 수학의 기초 수준부터 시작해 총 6시간 정도의 내용이 담겨 있어 그렇게 단숨에 정상에 오를 수는 없습니다. 정리와 공식을 하나하나 이해하면서 진행하기 때문에, 마치 등산하듯 자신의 발로 한 걸음 한 걸음 올라간다고 생각해야 합니다. '학문에 왕도는 없다'는 말은 진실이며, 오일러의 공식뿐 아니라 단시간에 모든 것을 쉽게 끝낼 수 있다고 말하는 책은 의심해볼 필요가 있습니다.

정상에 이르는 길

다음에는 이 책의 구성, 즉 오일러의 공식을 이해하는 과정을 후지산 등반에 비유해보겠습니다.

1부 능선~4부 능선 / 『중학교 수학』

여기까지는 스스로 도달해야 하며, 인수분해를 할 수 있는 정도면 충분합니다.

5부 능선 이후는 단순히 알고 있는 수준에서 벗어나 정리·공식을 확실히 이해하면서 진행하겠습니다.

5부 능선 / $\cdot a^2 + b^2 = c^2$, $\sin^2\theta + \cos^2\theta = 1$

$\cdot$ '코사인 법칙' $c^2 = a^2 + b^2 - 2ab\cos\theta$

$\cdot$ '덧셈정리' $\sin(\alpha \pm \beta)$

$$= \sin\alpha\cos\beta \pm \cos\alpha\sin\beta$$

$$\cos(\alpha \pm \beta)$$

$$= \cos\alpha\cos\beta \mp \sin\alpha\sin\beta$$

6부 능선 / · 미분의 정의 $f'(x)=\lim\limits_{h\to0}\dfrac{f(x+h)-f(x)}{h}$

· 미분 공식 증명 $y=x^n,\ y'=nx^{n-1}$

7부 능선 / 로그의 성질 $\log_a MN=\log_a M+\log_a N,$

$$\log_a\frac{M}{N}=\log_a M-\log_a N$$

$$\log_a M^n=n\log_a M,\ \log_a b=\frac{\log_c b}{\log_c a}$$

8부 능선 / · 호도법을 사용하는 의미. '360°가 왜 2π일까'

· sin, cos의 미분 $\lim\limits_{x\to0}\dfrac{\sin x}{x}=1$

$$(\sin x)'$$

$$=\lim_{h\to0}\frac{\sin(x+h)-\sin x}{h}$$

$$=\cos x$$

9부 능선 / · 네이피어의 수 e의 정체와 정의

· 이유 $y=e^x,\ y'=e^x$

· 로그의 미분 $y=\log_e x,\ y'=\dfrac{1}{x}$

· 복소수의 의미

- 드무아브르의 정리 $(\cos\theta + i\sin\theta)^n$
$$= \cos n\theta + i\sin n\theta$$
- 이유 $5^0 = 1$, $5^{-2} = \dfrac{1}{5^2}$, $5^{\frac{1}{2}} = \sqrt{5}$, $0! = 1$

산 정상 / • 핵심 '$e^{i\pi} = -1$'

$$e^x = 1 + \frac{x}{1!} + \frac{x^2}{2!} + \frac{x^3}{3!} \cdots$$

$$\cos x = \qquad -\frac{x^2}{2!} \qquad + \frac{x^4}{4!} + \cdots$$

$$\sin x = \quad \frac{x}{1!} \qquad -\frac{x^3}{3!} + \cdots$$

- 드무아브르의 정리

$$e^{i\theta} = \left(\cos\frac{\theta}{n} + i\sin\frac{\theta}{n} \right)^n = \cos\theta + i\sin\theta$$

- 2가지 접근 방법으로 $e^{i\pi} = -1$을 나타낸다.

하산 / • 바젤 문제

- 원과 관계없는 수열의 합에 π가 나타났다!

$$\frac{1}{1^2} + \frac{1}{2^2} + \frac{1}{3^2} + \frac{1}{4^2} + \cdots + \frac{1}{n^2} = \frac{\pi^2}{6}$$

이책의 저자 직강 한글 자막 동영상 찾기

★ 성안당 유튜브에서 '스즈키' 또는 '오일러' 검색

★ 재생 목록: https://han.gl/02YKO

윤황현 해설 강의 동영상 찾기

★ 성안당 유튜브에서 '윤황현' 검색
★ 재생 목록: https://han.gl/DqbGO

CONTENTS

제 **1** 장

'삼각함수'란 무엇인가?

▶ 피타고라스의 정리를 증명할 수 있는가?

오일러의 항등식 '$e^{i\pi}=-1$'은 오일러의 공식 '$e^{i\theta}=\cos\theta+i\sin\theta$'의 θ에 π를 대입했을 때 성립하는 식이므로 우선 sin, cos에 대해 배워야 한다. sin, cos은 직각삼각형의 변의 비(나중에 정의를 넓힌다)를 기본으로 한 것으로, 직각삼각형의 중요한 정리인 피타고라스의 정리(삼평방의 정리)를 정확히 증명할 수 없다면 이야기를 시작할 수 없다.

피타고라스의 정리를 증명하는 방법은 몇 가지 있지만 가장 간단한 것을 소개한다.

합동인 직각삼각형 4개를 [그림 1]과 같이 나열하면 큰 정사각형 안에 작은 정사각형이 들어 있는 형태가 된다. 여기서 면적에 대해 등식을 만들면 다음과 같다.

$$(a+b)^2-4\times\frac{ab}{2}=c^2$$

이것을 풀어서 정리하면 다음과 같이 된다.

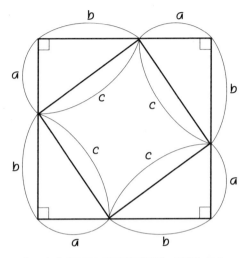

[그림 1] 합동인 직각삼각형을 나열한 모습

$$a^2 + 2ab + b^2 - 2ab = c^2$$

$$a^2 + b^2 = c^2 \text{(증명 완료)}$$

이와 같이 매우 간단하지만, 공식만 외우는 사람은 이 정도의 증명도 소홀히 하기 때문에 결국 내용을 깊이 이해하기 어려워진다.

◀ sin, cos의 정의 윤황현 ▶ Vol.3

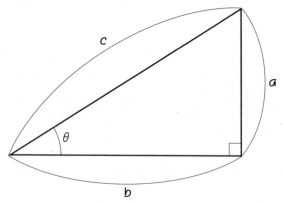

[그림 2] sin, cos을 정의하는 직각삼각형

sin, cos의 정의는 직각삼각형의 변의 비이고, [그림 2]를 활용하면 다음 식과 같이 된다.

$$\sin\theta = \frac{a}{c}, \; \cos\theta = \frac{b}{c}$$

이 정의와 피타고라스의 정리에서 $\sin^2\theta + \cos^2\theta = 1$이라는 공식이 나오며 다음과 같이 간단히 증명할 수 있다.

$$\sin\theta = \frac{a}{c} \ , \ \cos\theta = \frac{b}{c}$$

$$\left(\frac{a}{c}\right)^2 + \left(\frac{b}{c}\right)^2 = \frac{a^2}{c^2} + \frac{b^2}{c^2} = \frac{a^2 + b^2}{c^2} = 1 \ (\because a^2 + b^2 = c^2)$$

● 정의의 확장

고등학교 1학년 때 sin, cos을 배우다가 갑자기 sin150°
$=\frac{1}{2}$과 같은 식이 등장해서 당황했던 적이 있을 것이다. 직
각삼각형에 150°라는 각은 있을 수 없기 때문이다.

이것은 일반적으로 '개념의 확장' 또는 '정의의 확장'(정식
수학 용어인지는 명확하지 않음)이라고 불리며 수학에서 많이 활
용된다.

인류가 수를 사용하기 시작했을 무렵에는 자연수밖에 생
각할 수 없었지만 서서히 음수, 분수, 소수, 루트의 수에 이르
기까지 개념을 확장했다. 지수의 경우 처음에는 $5^3 = 5 \times 5$
$\times 5$와 같이 자연수만 고려했으나 5^0, 5^{-2}, $5^{\frac{1}{2}}$ 등의 개념도
정의하게 되었다.

27

수학자는 기본적으로 공식과 정리에 대입하는 수를 한 정하고 싶어 하지 않는다. 그래서 $\sin\theta$, $\cos\theta$의 θ에 대입하는 수도 직각삼각형의 정의에서 생각하면 $90°$ 미만으로 한정되지만, 각도는 한 바퀴 돌면 $360°$이고(왜 호도법을 사용하는지 설명하기 전까지는 육십분법으로 표기), 빙글빙글 계속 돌면 $360°$ 이상의 각도가 되며 반대로 돌면 마이너스 각도가 된다고 생각하고 싶어 하는 것이 수학자의 마음이다. 그래서 정의를 확장하기 위해 단위원이라는 것을 생각해냈고, 원래 정의의 직각삼각형을 [그림 3]과 같이 1사분면에 기록했다.

원래의 정의에 따르면 $\sin\theta = \dfrac{AH}{OA} = \dfrac{AH}{1} = AH$, 즉 점 A의 y 좌표와 일치한다. 이와 마찬가지로 $\cos\theta = OH$가 되어 점 A의 x 좌표와 일치한다. 결국 A($\cos\theta$, $\sin\theta$)이며 이것은 점 A가 1사분면에 있는 한 항상 성립된다.

그래서 [그림 4]와 같이 θ가 $90°$를 넘어도 단위원 원주에 있는 점은 x 좌표를 $\cos\theta$, y 좌표를 $\sin\theta$로 정의했다. 이렇게 해도 sin, cos의 기본 공식인 $\sin^2\theta + \cos^2 = 1$이 성립

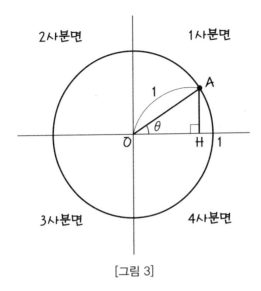

[그림 3]

한다면 정의로서 적합하다고 생각된다.

$$\sin^2\theta + \cos^2\theta = 1$$

여기서 θ를 $90°$ 이상으로 해도 $\sin^2\theta + \cos^2\theta = 1$이 성립된다는 것을 증명해보자.

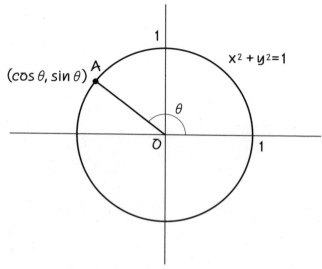

[그림 4] 원점을 중심으로 반지름이 1인 단위원

먼저 좌표상 두 점 사이의 거리를 구하는 식을 도출한다 ([그림 5] 참조). 여기서 피타고라스의 정리를 이용하면 다음과 같이 된다.

$$A(x_1, y_1),\ B(x_2, y_2)$$
$$AB^2 = (x_1 - x_2)^2 + (y_1 - y_2)^2$$

이것을 이용하면 B가 원점 O(0, 0)인 경우

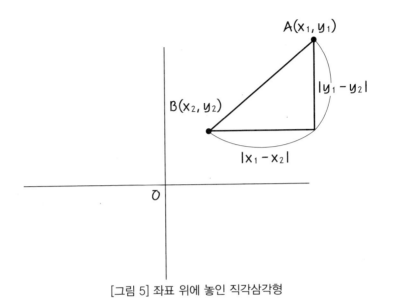

[그림 5] 좌표 위에 놓인 직각삼각형

$OA^2 = x_1{}^2 + y_1{}^2$이 된다. 그리고 A가 반지름이 1인 원주 위에 있다면 $OA^2 = 1$이므로 $x^2 + y^2 = 1$이라는 원의 방정식을 얻을 수 있다.

또 반지름이 1인 단위원($x^2 + y^2 = 1$)의 원주에 있는 x 좌표를 $\cos\theta$, y 좌표를 $\sin\theta$라고 하면 원의 방정식에 대입하여 $x^2 + y^2 = 1$이 되고, $\theta \geqq 90°$인 경우에도 성립하므로 정합성이 유지된다.

31

◀ 코사인 법칙 동영상 ▶Vol.3 윤황현 ▶Vol.4

이 책의 목적은 오일러의 항등식 $e^{i\pi} = -1$을 이해하는 것이다. 복잡한 수식과 정리는 그냥 넘어가고 빨리 결론부터 보고 싶은 마음도 있을 것이다.

그러나 수학은 하나하나 프로세스를 쌓아가는 학문이라고 할 수 있다. 코사인 법칙의 경우 오일러의 항등식과는 직접적으로 관계가 없지만 이 정리들이 결국 덧셈정리로 이어지며, 덧셈 정리를 사용하지 않으면 모든 sin, cos의 정리를 이끌어낼 수 없으므로 피할 수 없다. 그렇다고 해도 피타고라스의 정리를 약간 응용한 것이므로 증명은 간단하다. 이제 직접 해보자.

[그림 6]의 △ABC를 2개의 직각삼각형인 △ACH와 △ABH로 나누고 양쪽에서 피타고라스의 정리를 이용하여 AH²으로 연결한다.

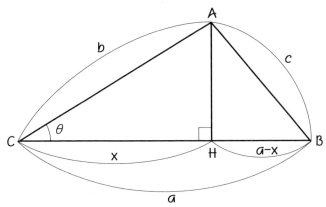

[그림 6] 코사인 법칙을 구하기 위한 삼각형

그리고 CH, BH를 θ로 나타낸다.

$\cos\theta = \dfrac{x}{b}$, $x = b\cos\theta$이므로 CH $= b\cos\theta$,

BH $= a - b\cos\theta$가 된다.

또한 $\triangle$ACH와 $\triangle$ABH 각각에서 피타고라스의 정리를 이용하여 AH^{2}을 나타내고 연결시킨다.

$$\text{AH}^2 = b^2 - (b\cos\theta)^2$$

$$\text{AH}^2 = c^2 - (a - b\cos\theta)^2$$

$$b^2 - (b\cos\theta)^2 = c^2 - (a - b\cos\theta)^2$$

$$b^2-(b\cos\theta)^2=c^2-a^2+2ab\cos\theta-(b\cos\theta)^2$$

$$c^2=a^2+b^2-2ab\cos\theta$$

덧셈정리 동영상 ▶Vol.4 윤황현 ▶Vol.5

〈덧셈정리〉 $\sin(\alpha\pm\beta)=\sin\alpha\cos\beta\pm\cos\alpha\sin\beta$

$\cos(\alpha\pm\beta)=\cos\alpha\cos\beta\mp\sin\alpha\sin\beta$

 덧셈정리를 암기하는 방법은 연령대나 지역에 따라 다양하다. 주로 줄임말을 사용해서 달달 외우는 경우가 많은 것 같다. 그렇다고 해서 증명이 필요하지 않은 것은 아니다.

 초등학교, 중학교 때는 송곳이나 공의 부피를 증명하지 않고 무조건 외우게 했다(필자는 동영상에서 초등학생, 중학생도 이해할 수 있도록 해설했다). 그러나 고등학교 수학에는 증명하지 않고 외우기만 하는 정리나 공식이 없다.

이러한 차이로 인해 대부분의 정리나 공식을 이해하지 않은 채 암기만 하다가 수학 공부를 끝내는 학생이 많다. 결국 이러한 학생은 수학 실력의 기초가 약해지고 재미도 느끼지 못하게 된다.

도쿄대학은 이처럼 겉으로만 이해한 학생들의 허를 찔렀다.

▶ 1999년 도쿄대학 입시 문제

일반각 α, β에 대해

$$\sin(\alpha+\beta)=\sin\alpha\cos\beta+\cos\alpha\sin\beta$$

$$\cos(\alpha+\beta)=\cos\alpha\cos\beta-\sin\alpha\sin\beta$$

를 증명하라. (문제 일부 변경)

이 문제의 정답률은 매우 낮았다고 한다. 이때 달달 암기했던 내용을 활용할 수 있었던 수험생은 없었을 것이라고 생각된다.

이 책을 계속 보다 보면 조금 힘들다고 느낄 수도 있지만 힘내서 따라오기 바란다.

[그림 7]과 같이 단위원 원주상에 A($\cos\alpha$, $\sin\alpha$), B($\cos\beta$, $\sin\beta$)를 놓는다.

OA=OB=1, $\angle$AOB=$\alpha-\beta$

거리의 공식에서 다음과 같이 된다.

$$AB^2 = (\cos\alpha - \cos\beta)^2 + (\sin\alpha - \sin\beta)^2$$

$\triangle$OAB에서 코사인을 활용하면 다음 식과 같이 된다.

$$AB^2 = OA^2 + OB^2 - 2OA \cdot OB \cos(\alpha-\beta)$$

$$(\cos\alpha - \cos\beta)^2 + (\sin\alpha - \sin\beta)^2 = 1 + 1 - 2\cos(\alpha-\beta)$$

$$\therefore \cos^2\alpha - 2\cos\alpha\cos\beta + \cos^2\beta + \sin^2\alpha - 2\sin\alpha\cos\beta$$

$$+ \sin^2\beta = 1 + 1 - 2\cos(\alpha-\beta)$$

공식 $\sin^2\theta + \cos^2\theta = 1$에서 다음과 같이 된다.

$$1 + 1 - 2(\cos\alpha\cos\beta + \sin\alpha\sin\beta) = 1 + 1 - 2\cos(\alpha-\beta)$$

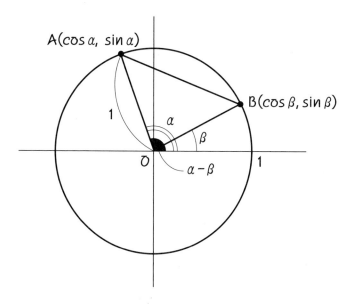

[그림 7] 덧셈정리를 구하기 위한 단위원 1

$$\cos(\alpha - \beta) = \cos\alpha\cos\beta + \sin\alpha\sin\beta$$

여기까지 잘 따라왔다면

$\sin(-\theta) = -\sin\theta,\ \cos(-\theta) = \cos\theta$라는 것을 이용하여 다음과 같이 만들 수 있다.

$$\cos(\alpha + \beta) = \cos(\alpha - (-\beta))$$

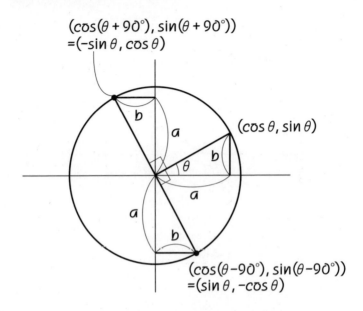

[그림 8] 덧셈정리를 구하기 위한 단위원 2

$$=\cos\alpha\cos(-\beta)+\sin\alpha\sin(-\beta)$$

$$=\cos\alpha\cos\beta-\sin\alpha\sin\beta$$

$\sin\theta=\cos(\theta-90°)$, $\sin(\theta+90°)=\cos\theta$ 를 이용하면([그림 8] 참조) 다음과 같이 된다.

$$\sin(\alpha+\beta)=\cos(\alpha+\beta-90°)$$

$$= \cos\alpha\cos(\beta-90°)-\sin\alpha\sin(\beta-90°)$$

$$= \cos\alpha\sin\beta+\sin\alpha\cos\beta$$

$$= \sin\alpha\cos\beta+\cos\alpha\sin\beta$$

$$\sin(\alpha-\beta)=\sin(\alpha+(-\beta))$$

$$= \sin\alpha\cos(-\beta)+\cos\alpha\sin(-\beta)$$

$$= \sin\alpha\cos\beta-\cos\alpha\sin\beta$$

수학계의 베토벤, 오일러

독일 음악가 베토벤은 청력을 상실한 후 교향곡 9번 '합창'을 완성했고, 이것은 유네스코 세계기록유산에 등재될 만큼 뛰어난 작품으로 평가된다. 그보다 한참 형님뻘인 오일러 역시 하루 20시간 이상 연구에 몰두하다 양쪽 시력을 모두 잃게 됐지만, 계산을 대부분 암산으로 처리하며 더 많은 논문을 썼다고 한다.

프랑스 철학자 니콜라 드 콩도르세 후작은 오일러 사후 그에게 바치는 추도사에서 '죽음이 드디어 그의 계산을 멈췄다'고 애도했다. 오일러에게 계산은 곧 삶이었고 존재 이유였다.

– 출처: 〈주간동아〉 1237호, p52~54, 과학 커뮤니케이터 궤도 nasabolt@gmail.com

제 2 장

'미분' 입문

▶ 미분이란 무엇인가? 동영상 ▶Vol.5 윤황현 ▶Vol.6

영어를 일본어로 번역할 때 원래 양쪽 언어에 모두 있던 단어라면(예를 들면, 나무=tree) 서로 대응시키기만 해도 되지만, 원래 일본어에 없던 단어나 개념이 나오면 그에 해당하는 일본어를 만들어야 한다. 대부분의 수학용어가 일본에 처음 들어왔을 때 적합한 일본어가 존재하지 않았기 때문에 고민 끝에 번역한 단어들이 많다.

개인적으로 다음과 같은 용어들은 실패한 번역이라고 생각한다. 먼저 complex number를 복소수라고 번역한 것인데, 이는 실수와 허수라는 '원료'가 되는 수가 섞였다는 의미인 것 같다. 아마 2, 3, 5, 7…의 소수가 prime number와 관계가 있을 것 같다고 착각한 것이 아닐까 싶다.

scalar product/dot product를 '내적(內積)'으로, vector product/cross product를 '외적(外積)'으로 번역한 것도 마찬가지로 잘못된 번역이라고 생각한다. 여기서 '내적'은 2개의 벡터가 이루는 각을 구하기 위한 연산, '외적'은 공간에서 2개의 벡터 양쪽에 수직인 벡터를 구하기 위한 연산을 말한다. 초등학교에서 '곱(積)'은 '곱셈의 결과'를 의미한다고 배웠기 때문에 내적, 외적도 곱셈과 관련되었다고 착각한 것이다. 사실은 내측, 외측이라는 의미도 없다. 한편 differential을 미분이라고 번역한 것은 '미미하게(微) 증가하는 분(分)'이라는 의미인 미분의 정의를 잘 나타냈다는 점에서 매우 잘 된 번역이라고 생각한다.

미분이란 번역 그대로 '순간의 증가량'을 의미한다. 좀 더 자세히 설명하면 다음과 같다.

중학교 2학년 즈음에 일차함수가 $y = ax + b$라는 것을 배웠다. 수학은 대부분 일상생활에서 도움이 되지 않는다고 하지만, 함수는 '1g에 50원짜리 차를 ○○g 구입해서 1,000원짜리 차 통에 넣었다면 △△원이라는 관계에 있다.' 또는 '시속 30km로 ○○시간 달렸을 때의 거리는 △△km이다.' 등과 같이 평소 계산에서 활용되므로 친숙하다.

이를 그래프로 그리면 직선이 되며 그 기울기는 각각 차(茶) 1g의 값, 시속 30km를 나타내고 일정한 값이므로 중간에 바뀌지 않는다.

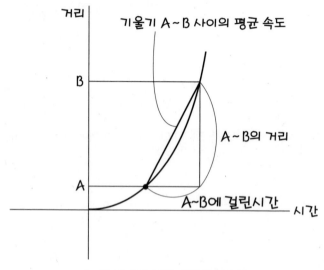

[그림 9] 자유 낙하 운동의 포물선

높은 곳에서 물체를 낙하시켰을 때(자유 낙하 운동), 그 물체의 속도는 지구 중력이라는 힘이 계속 더해지므로 속도가 일정한 비율로 늘어난다.

가로축을 시간, 세로축을 이동 거리라고 했을 때 속도가 일정한 운동의 경우 그 그래프는 직선이 되고 기울기는 속도를 나타낸다. 한편 자유 낙하 운동의 경우 그래프가 곡선(이차함수, 포물선) 형태로 되어 그래프에서 속도를 알 수 없다.

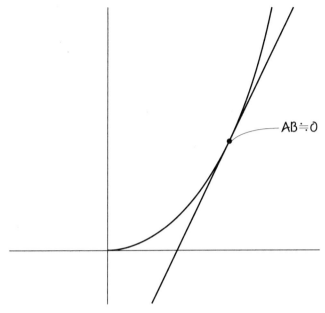

[그림 10] AB의 거리가 한없이 0에 근접한 경우

자유 낙하 운동에서는 속도가 시시각각 변화하므로 어느 구간의 속도인지 지정하지 않으면 답을 알 수 없다.

속도는 $\dfrac{거리}{시간}$로 구한다. 그러므로 자유 낙하 운동 그래프에서 두 점을 선택해 직선으로 연결하면 세로의 변화가 거리 변화, 가로의 변화가 시간 변화이므로 그 사이의 평균속도는 연결된 직선의 기울기로 나타난다([그림 9] 참조).

45

여기서 선택한 두 점의 간격을 점점 좁혀 가면 어떻게 될까. 두 점의 거리가 0에 한없이 가까워지면 그 기울기는 '순간'의 속도를 나타내고, 직선은 곡선과 만나게 된다([그림 10]).

미분은 $\dfrac{y\ 증가량}{x\ 증가량}$이라는 변화의 비율(=직선의 기울기)의 x 증가량을 0에 한없이 근접시킨 값, 즉 접선의 기울기를 구하는 식이다.

〈미분의 정의식〉 $\quad f'(x) = \lim\limits_{h \to 0} \dfrac{f(x+h)-f(x)}{h}$

x의 n차식 미분공식 증명:

우선 $a^n - b^n$을 인수분해하면 다음과 같다.

$$a^n - b^n = (a-b)(a^{n-1} + a^{n-2}b + a^{n-3}b^2 + a^{n-4}b^3 \cdots\cdots$$
$$+ ab^{n-2} + b^{n-1})$$

이것을 이용해 x의 n차식의 미분공식을 도출해본다.

$$(x^n)' = \lim_{h \to 0} \frac{(x+h)^n - x^n}{h}$$

$$= \lim_{h \to 0} \frac{(x+h-x)\{(x+h)^{n-1} + (x+h)^{n-2}x + (x+h)^{n-3}x^2 + \cdots\cdots + x^{n-1}\}}{h}$$

h로 약분하면 다음과 같다.

$$= \lim_{h \to 0} (x+h)^{n-1} + (x+h)^{n-2}x + (x+h)^{n-3}x^2 + \cdots + x^{n-1}$$

분모에서 h가 없어졌으므로 $h=0$을 대입하면 다음과 같이 된다.

$$x^{n-1} + x^{n-1} + x^{n-1} + \cdots\cdots + x^{n-1} = nx^{n-1}$$

시간과 거리의 관계가 곡선인 이유 동영상 ▶Vol.6 윤황현 ▶Vol.7

중학교에서 배우는 '관성의 법칙'이란, 힘이 가해지지 않는 한 물체는 그 상태로 계속 있다는 법칙이다. 즉 멈춰 있는 것은 그대로 계속 멈춰 있고, 움직이고 있는 것은 그대로 계속 움직인다는 것이다. 주변에서 움직이던 것이 멈추는 것은 마찰이나 공기 저항과 같은 힘이 가해졌기 때문이다. 마찰이나 공기저항이 없는 우주에서 야구선수가 시속 160km로 직구를 던지면 별에 부딪치지 않는 한 영원히 시속 160km로 나아갈 것이다.

우주 공간에서 야구선수가 던진 시속 160km의 직구와 같이, 처음에만 힘이 가해진 채 떠난 물체는 그 후 속도가 빨라질 이유도 느려질 이유도 없기 때문에 같은 속도로 계속 움직인다. 이것이 '등속 직선 운동'이다.

가로축을 시간, 세로축을 거리로 하여 등속 직선 운동의 모습을 나타내면 [그림 11]과 같다.

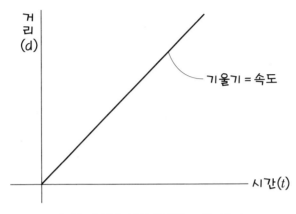

[그림 11] 등속 직선 운동의 그래프(d-t)

시간·거리는 가로축·세로축으로 나타낼 수 있고, 또 한 가지 중요한 요소인 '속도'는 직선의 기울기로 나타낼 수 있다. 기울기가 가파르면 그만큼 속도가 빠르다는 뜻이다.

다음으로 같은 등속 직선 운동에서 가로축을 시간, 세로축을 속도로 하면 [그림 12]와 같이 된다.

49

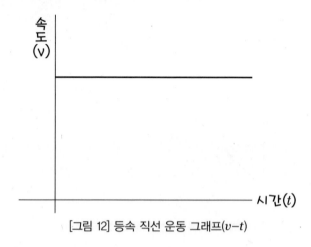

[그림 12] 등속 직선 운동 그래프($v-t$)

그러면 또 다른 요소인 '거리'는 어디에 나타낼 수 있을까. 거리 = 속도 × 시간이므로 가로축과 그래프로 둘러싸인 면적이 거리를 나타낸다([그림 13]).

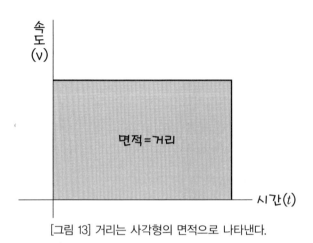

[그림 13] 거리는 사각형의 면적으로 나타낸다.

등가속도 직선 운동

물체에 힘이 가해지면 속도가 변화한다. 그 힘이 항상 일정하다면 속도의 변화도 일정한 비율이 된다.

힘차게 밀어낸 수레가 서서히 느려지고 결국 멈춰버리는 것은, 진행 방향과 반대로 마찰이나 공기 저항이라는 힘이 계속 가해짐에 따라 속도가 일정한 비율로 느려졌기 때문이다.

지구 위에 있는 물체를 높은 곳에서 떨어뜨리면 속도가 점점 증가하는데, 그 이유는 물체에 중력이라는 힘이 계속 가해지기 때문이다. 가해지는 힘이 일정하므로 속도도 일정한 비율로 증가하며 그 값은 약 9.8m/초^2(1초에 9.8m/초씩 속도가 증가한다는 의미에서 $\dfrac{9.8\text{m/초}}{초}$라는 식이 성립되므로 초에 제곱이 붙었다)이다. 따라서 지구상에서 물건을 떨어뜨릴 경우 3초 후의 속도는 초속 약 30m$=108$km/시가 된다.

이러한 운동이 등가속도 직선 운동이다. 이 운동 형태도 그래프로 그려보자.

우선 가로축을 시간(t), 세로축을 속도(v)(velocity)라고 하면 [그림 14]와 같이 정비례 그래프가 된다. 자유 낙하 운동의 경우 직선의 기울기가 9.8이므로 그래프의 식은 $v=9.8t$가 된다.

그리고 거리는 등속 직선 운동 때와 마찬가지라고 생각해서 가로축과 그래프로 둘러싸인 면적일 경우 삼각형의 면적이 되므로 $t\times9.8t\div2=4.9t^2$이 된다([그림 15] 참조).

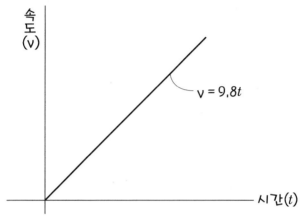

[그림 14] 등가속도 직선 운동의 그래프

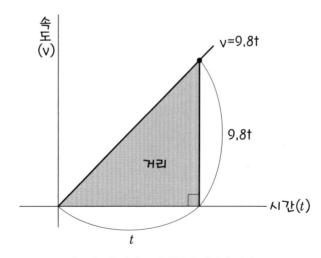

[그림 15] 거리는 삼각형의 면적이 된다.

이에 따라 등가속도 직선 운동(이 경우는 자유 낙하 운동)의 시간과 거리 관계식 d(distance)$= 4.9t^2$을 얻을 수 있다. 따라서 가로축을 시간, 세로축을 거리로 하여 그래프를 그리면 이차함수의 포물선이 된다.

등속 직선 운동의 경우 $d-t$ 그래프에서는 속도가 그래프의 기울기였지만, 등가속도 직선 운동에서는 이차함수가 되고 이차함수에는 기울기가 없다. 그렇다면 속도는 어디에 나타내야 할까.

이차함수의 경우 기울기는 없지만 어떤 두 점 사이의 '변화의 비율'이 있다. 그 두 점의 거리를 한없이 0에 근접시키면 순간의 변화 비율, 즉 접선의 기울기가 되므로 거기에 등가속도 직선 운동의 속도가 나타난다([그림 16]).

순간의 변화 비율은 '미분'이다. $d = 4.9t^2$을 미분하면 $d' = 9.8t$가 되어 $v-t$ 그래프에서 직선의 식을 얻을 수 있다. 참고로 등속 직선 운동에서도 $d-t$ 그래프의 식 $d = at$(a는 속도)를 미분하면 $d' = a$가 되어 $v-t$ 그래프의 가로 직선 식과 일치한다.

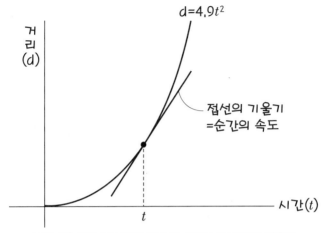

[그림 16] 등가속도 직선 운동의 그래프와 접선의 기울기

◆ 함수 합의 미분, 함수 곱의 미분 동영상 ▶ Vol.7 윤황현 ▶ Vol.8

$$\{f(x)+g(x)\}'=f'(x)+g'(x)$$

이것은 미분의 정의에 따라 간단히 증명할 수 있다.

$$\lim_{h\to 0}\frac{(f(x+h)+g(x+h)-\{f(x)+g(x)\})}{h}$$

$$= \lim_{h \to 0} \left\{ \frac{f(x+h) - f(x)}{h} + \frac{g(x+h) - g(x)}{h} \right.$$
$$= f'(x) + g'(x)$$

곱의 미분은 $\{f(x)g(x)\}' = f'(x)g'(x)$라고 할 수 없다.

안 된다는 것을 증명할 때는 성립되지 않는 예를 하나 제시하는 것만으로도 충분하다.

$x^5 = x^3 \times x^2$

$(x^5)' = 5x^4$

$\{f(x)g(x)\}' = f'(x)g'(x)$ 가 성립된다면

$(x^3 \times x^2)' = 3x^2 \times 2x = 6x^3$이 되어 일치하지 않는다.

그렇다면 곱의 미분은 어떤 식이 될까. 여기서도 먼저 정의에 따라 식을 만든다.

$$\{f(x)g(x)\}' = \lim_{h \to 0} \frac{f(x+h) \, g(x+h) - f(x)g(x)}{h}$$

여기서 분자에 수수께끼의 빈칸을 넣어둔다.

$$\lim_{h \to 0} \frac{f(x+h)g(x+h) \qquad\qquad -f(x)g(x)}{h}$$

빈칸만 넣었을 뿐 식의 값은 변하지 않는다. 빈칸에 0을
넣어도 역시 식의 값은 바뀌지 않는다. 여기서 0은 단순한
0이 아니라 −3+3과 같이 양과 음이 반대인 수나 식의 합
인 0이며, 이것을 넣어본다(이러한 발상은 고등학교 수학 문제를
풀 때 자주 등장하므로 익혀두는 것이 좋다).

$-f(x+h)g(x)+f(x+h)g(x)=0$을 분자의 빈칸에 삽입

$$\lim_{h \to 0} \frac{f(x+h)g(x+h)-f(x+h)g(x)+f(x+h)g(x)-f(x)g(x)}{h}$$

분자를 앞부분과 뒷부분으로 나눈다.

$$\lim_{h \to 0} \left[\frac{\{f(x+h)g(x+h)-f(x+h)g(x)\}}{h} \right.$$

$$+ \frac{\{f(x+h)g(x) - f(x)g(x)\}}{h}$$

공통 인수로 묶는다.

$$\lim_{h \to 0} \left[\frac{f(x+h)\{g(x+h) - g(x)\}}{h} + \frac{g(x)\{f(x+h) - f(x)\}}{h} \right]$$

$$= \lim_{h \to 0} \{f(x+h)g'(x) + g(x)f'(x)\}$$

h에 0을 대입하면

$$f(x)g'(x) + g(x)f'(x)$$

가 된다.

제 **3** 장

'로그'를 익히자

◆ '지수'에 관해 풀려면? 동영상▶Vol.8 윤황현▶Vol.9

숫자 세 개의 관계, 예를 들어 $a \times b = c$의 경우 $a = \dfrac{c}{b}$, $b = \dfrac{c}{a}$, $c = ab$와 같이 모든 문자에 대해 풀 수 있다. 그렇다면 $a^b = c$의 경우는 어떨까? $b = 2$라면 중학교에서 제곱근을 배웠으므로 $a = \sqrt{c}$라고 나타낼 수 있다. b가 3 이상이면 n제곱근이라고 하는 기호로 $a = \sqrt[b]{c}$ 라고 나타낼 수 있다.

'$b =$'와 같은 형태를 만들려면 새로운 기호를 만들어야 하는데, 그것이 $\log$이며 $b = \log_a c$로 나타낸다고 정의했다 ($a \neq 1$, $a > 0$, $c > 0$).

로그의 경우 곱셈은 덧셈으로, 나눗셈은 뺄셈으로, 거듭제곱은 곱셈으로 할 수 있다. 이에 따라 방대한 자릿수 계산에 고민해온 천문학자들의 노력이 상당히 경감됐다. '로그의 발견이 천문학자의 수명을 두 배로 늘렸다'는 말이 나올 정도였다.

〈로그의 성질〉

① $\log_a MN = \log_a M + \log_a N$

② $\log_a \dfrac{M}{N} = \log_a M - \log_a N$

③ $\log_a M^2 = \log_a MM = \log_a M + \log_a M = 2 \log_a M$

【①의 증명】

$a^m = M \Leftrightarrow \log_a M = m$

$a^n = N \Leftrightarrow \log_a N = n$

$a^{m+n} = a^m \times a^n = MN$

$a^{m+n} = MN \Leftrightarrow m + n = \log_a MN = \log_a M + \log_a N$

$\therefore \log_a MN = \log_a M + \log_a N$

【②의 증명】

$a^{m-n} = a^m \div a^n = \dfrac{M}{N}$

$a^{m-n} = \dfrac{M}{N} \Leftrightarrow m - n = \log_a \dfrac{M}{N} = \log_a M - \log_a N$

$\therefore \log_a \dfrac{M}{N} = \log_a M - \log_a N$

【③의 증명】

$$\log_a M^2 = \log_a MM = \log_a M + \log_a M = 2 \log_a M$$

일반적으로 $\log_a M^n = n \log_a M$

<hr>

〈밑변환 공식〉 $\quad \log_a b = \dfrac{\log_c b}{\log_c a}$

【증명】

$$\log_a b = t \Leftrightarrow a^t = b(a \neq 1,\ a > 0,\ b > 0)$$

등호로 연결돼 있다면 양변에 같은 기호를 붙여도 등호가 성립되므로 양변에 $\log_c$를 붙인다(로그를 취한다고 한다).
$a^t = b$의 양변에 $\log_c$를 붙인다.

$$\log_c a^t = \log_c b \Leftrightarrow t \log_c a = \log_c b \Leftrightarrow t = \log_a b$$
$$= \frac{\log_c b}{\log_c a}$$

자릿수와 최고자리수를 구한다 동영상▶Vol.9 윤황현▶Vol.10

지수함수 그래프($y=a^x$, $a>1$)의 이미지를 떠올린 후 손으로 대략 그려보면 [그림 17]의 왼쪽과 같이 (0, 1)을 지나는 우상향의 매끄러운 곡선이 되지만, 실제로는 [그림 17]의 오른쪽과 같이 거의 수직 상승하는 형태가 된다. x가 커지면 y의 값은 그야말로 천문학적인 숫자가 되어 버린다.

화학에서는 아보가드로 상수라는 것을 배운다.

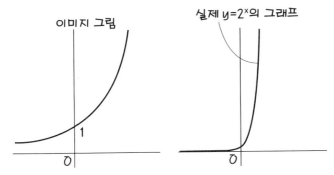

[그림 17] 지수함수 그래프의 이미지와 실제

물질량 1mol당 원자·분자의 수를 나타내는 602214199…라는 24자리 숫자다(6,022해 1,419경…). 해(垓)나 경(京) 등은 일상생활에서 거의 사용되지 않는 큰 수치며 이 정도로 방대해지면 이미 아랫자리 숫자들은 어떤 숫자든 상관이 없어진다. 그래서 아보가드로 상수는 6.02×10^{23}과 같이 표기한다. 위의 세 자리가 602인 24자리 숫자라는 의미다.

이처럼 큰 수는 지수 계산에 자주 등장한다. 같은 2와 100을 사용한 연산이라도 2+100=102, 2×100=200은 모두 3자리 내에 있지만, 2^{100}은 126양(穰) 7,650자(秭) 6,002해(垓)…라는 31자리 수가 된다. 지수는 덧셈, 곱셈에 비해 자릿수 자체가 완전히 달라진다.

이와 같이 지수함수에서 커지는 수를 실제로 거듭제곱해서 계산하는 것이 아니라 '위에서 몇 자리 숫자'나 '자릿수'만 구하는 데 도움이 되는 것이 로그다.

[그림 18] 상용로그표

수	0	1	2	3	4	5	6	7	8	9
1.0	.0000	.0043	.0086	.0128	.0170	.0212	.0253	.0294	.0334	.0374
1.1	.0414	.0453	.0492	.0531	.0569	.0607	.0645	.0682	.0719	.0755
1.2	.0792	.0828	.0864	.0899	.0934	.0969	.1004	.1038	.1072	.1106
1.3	.1139	.1173	.1206	.1239	.1271	.1303	.1335	.1367	.1399	.1430
1.4	.1461	.1492	.1523	.1553	.1584	.1614	.1644	.1673	.1703	.1732
1.5	.1761	.1790	.1818	.1847	.1875	.1903	.1931	.1959	.1987	.2014
1.6	.2041	.2068	.2095	.2122	.2148	.2175	.2201	.2227	.2253	.2279
1.7	.2304	.2330	.2355	.2380	.2405	.2430	.2455	.2480	.2504	.2529
1.8	.2553	.2577	.2601	.2625	.2648	.2672	.2695	.2718	.2742	.2765
1.9	.2788	.2810	.2833	.2856	.2878	.2900	.2923	.2945	.2967	.2989
2.0	.3010	.3032	.3054	.3075	.3096	.3118	.3139	.3160	.3181	.3201
2.1	.3222	.3243	.3263	.3284	.3304	.3324	.3345	.3365	.3385	.3404
2.2	.3424	.3444	.3464	.3483	.3502	.3522	.3541	.3560	.3579	.3598
2.3	.3617	.3636	.3655	.3674	.3692	.3711	.3729	.3747	.3766	.3784
2.4	.3802	.3820	.3838	.3856	.3874	.3892	.3909	.3927	.3945	.3962
2.5	.3979	.3997	.4014	.4031	.4048	.4065	.4082	.4099	.4116	.4133
2.6	.4150	.4166	.4183	.4200	.4216	.4232	.4249	.4265	.4281	.4298
2.7	.4314	.4330	.4346	.4362	.4378	.4393	.4409	.4425	.4440	.4456
2.8	.4472	.4487	.4502	.4518	.4533	.4548	.4564	.4579	.4594	.4609
2.9	.4624	.4639	.4654	.4669	.4683	.4698	.4713	.4728	.4742	.4757
3.0	.4771	.4786	.4800	.4814	.4829	.4843	.4857	.4871	.4886	.4900
3.1	.4914	.4928	.4942	.4955	.4969	.4983	.4997	.5011	.5024	.5038

이를 활용하려면 먼저 상용로그표라는 것을 만들어야 한다. $\log_{10}X=Y$에서 X, Y 중 한쪽을 알면 상용로그표([ㄱ

림 18])를 통해 다른 쪽을 알 수 있다.

예를 들어 $Y = 0.402$일 때 표 왼쪽에 세로로 나열된 숫자들 중 2.5 부분의 오른쪽을 보면 표 상단에 가로로 나열된 숫자의 2에 해당하는 부분이 0.4014, 3에 해당하는 부분이 0.4031이라고 되어 있다. 따라서 $X = 2.52$라는 것을 알 수 있다.

상용로그표나 컴퓨터는 커녕 계산기조차 없던 시대에는 이것을 만드는 데 상당한 노력이 필요했을 것으로 보인다.

상용로그표와 같이 소수 넷째 자리까지 구하기는 어려우므로 여기서는 실제로 소수 첫째 자리까지만 구해보자. 소수 둘째 자리 이하도 계산량은 방대하지만 방식은 같다.

$\log_{10} 2$를 구할 경우 밑이 10이고 진수가 2이므로

$$2^a = 10^b$$

이 되는 a, b를 생각한다. 등호로 연결돼 있어 양변에 같은 기호를 붙여도 등호가 성립되므로 양변에 $\log_{10}$을 취한다.

$$\log_{10} 2^a = \log_{10} 10^b$$

$$\Leftrightarrow a \log_{10} 2 = b$$
$$\Leftrightarrow \log_{10} 2 = \frac{b}{a}$$

이것을 충족시키는 정수 a, b가 없으므로 등호가 아닌 가급적 값이 가까운 부등식으로 식을 세워본다.

$$2^3 < 10$$

부등식의 경우 등식과 달리 양변에 같은 기호를 붙여도 부등호의 방향이 바뀔 수 있기 때문에 주의해야 한다. 예를 들어 양변을 역수로 했을 때 등식이면 문제없지만 부등식인 경우 대소 관계가 바뀌어 버린다.

$$3 < 5 \rightarrow \frac{1}{3} > \frac{1}{5}$$

로그도 밑이 1 미만인 경우 대소 관계가 바뀐다.

$2 < 8$

$\log_{\frac{1}{2}} 2 = -1$, $\log_{\frac{1}{2}} 8 = -3$이므로

$\log_{\frac{1}{2}} 2 > \log_{\frac{1}{2}} 8$

$\log_{10}$을 취하는 부분에서 부등호 방향은 변하지 않고 다음과 같이 된다.

$\log_{10} 2^3 < \log_{10} 10 = 1$

$\Leftrightarrow 3 \log_{10} 2 < 1$

$\Leftrightarrow \log_{10} 2 < \dfrac{1}{3} = 0.33333\cdots\cdots$

그 다음에,

$2^{10} = 1,024 > 10^3$

마찬가지로 양변에 $\log_{10}$을 취한다.

$\log_{10} 2^{10} > \log_{10} 10^3$

$$\Leftrightarrow 10 \log_{10} 2 > 3$$
$$\Leftrightarrow \log_{10} 2 > \frac{3}{10} = 0.3$$

이상에서 $0.3 < \log_{10} 2 < 0.3333\cdots$이므로 소수 첫째 자리가 3이라는 것을 알 수 있다. 이하, 같은 작업(이라고 하지만 계산이 갑자기 방대해짐)을 반복해서 소수 둘째 자리 이후도 구하는 식으로 완성한 것이 상용로그표다.

그러면 실제로 상용로그표를 이용하여 지수로 나타난 수가 몇 자리이고 최고자리수는 몇인지 구해보자.

제시되는 수는 '13^{20}'이다.

먼저 $13^{20} = X$라고 하고, 두 변에 밑이 10인 로그를 취하면 다음과 같다.

$$\log_{10} 13^{20} = \log_{10} X$$
$$\Leftrightarrow 20 \log_{10} 13 = \log_{10} X$$

수	0	1	2	3	4	5	6	7	8	9
1.0	.0000	.0043	.0086	.0128	.0170	.0212	.0253	.0294	.0334	.0374
1.1	.0414	.0453	.0492	.0531	.0569	.0607	.0645	.0682	.0719	.0755
1.2	.0792	.0828	.0864	.0899	.0934	.0969	.1004	.1038	.1072	.1106
1.3	.1139	.1173	.1206	.1239	.1271	.1303	.1335	.1367	.1399	.1430
1.4	.1461	.1492	.1523	.1553	.1584	.1614	.1644	.1673	.1703	.1732
1.5	.1761	.1790	.1818	.1847	.1875	.1903	.1931	.1959	.1987	.2014
1.6	.2041	.2068	.2095	.2122	.2148	.2175	.2201	.2227	.2253	.2279
1.7	.2304	.2330	.2355	.2380	.2405	.2430	.2455	.2480	.2504	.2529
1.8	.2553	.2577	.2601	.2625	.2648	.2672	.2695	.2718	.2742	.2765
1.9	.2788	.2810	.2833	.2856	.2878	.2900	.2923	.2945	.2967	.2989
2.0	.3010	.3032	.3054	.3075	.3096	.3118	.3139	.3160	.3181	.3201
2.1	.3222	.3243	.3263	.3284	.3304	.3324	.3345	.3365	.3385	.3404
2.2	.3424	.3444	.3464	.3483	.3502	.3522	.3541	.3560	.3579	.3598
2.3	.3617	.3636	.3655	.3674	.3692	.3711	.3729	.3747	.3766	.3784
2.4	.3802	.3820	.3838	.3856	.3874	.3892	.3909	.3927	.3945	.3962
2.5	.3979	.3997	.4014	.4031	.4048	.4065	.4082	.4099	.4116	.4133
2.6	.4150	.4166	.4183	.4200	.4216	.4232	.4249	.4265	.4281	.4298
2.7	.4314	.4330	.4346	.4362	.4378	.4393	.4409	.4425	.4440	.4456
2.8	.4472	.4487	.4502	.4518	.4533	.4548	.4564	.4579	.4594	.4609
2.9	.4624	.4639	.4654	.4669	.4683	.4698	.4713	.4728	.4742	.4757
3.0	.4771	.4786	.4800	.4814	.4829	.4843	.4857	.4871	.4886	.4900
3.1	.4914	.4928	.4942	.4955	.4969	.4983	.4997	.5011	.5024	.5038

상용로그표는 9.9까지밖에 없으므로 좀 더 생각해보자.

$$\Leftrightarrow 20 \log_{10}(1.3 \times 10) = 20(\log_{10} 1.3 + \log_{10} 10)$$
$$= \log_{10} X$$

여기서 상용로그표를 보면 $\log_{10} 1.3 = 0.1139$라는 것을 알 수 있다.

그리고 이 상용로그표는 소수 넷째 자리까지이며 소수 다섯째 자리를 반올림하므로 진짜 값은 $0.11385 \leq \log_{10} 1.3 < 0.11395$의 범위 안에 있다. 다음은 이러한 사항을 정리한 것이다.

$$20(0.11385 + 1) = 22.277 \leq \log_{10} X < 20(0.11395 + 1)$$
$$= 22.279$$

따라서 $10^{22.277} \leq X < 10^{22.279}$이다.

여기서 지수법칙 $a^m \times a^n = a^{m+n}$을 이용하면 $10^{22} \times 10^{0.277} \leq X < 10^{22} \times 10^{0.279}$가 된다.

$$10^0 = 1 < 10^{0.27} < 10$$

그러므로 이 시점에서 23자리 수라는 것을 알 수 있다.

$$10^{0.277} \leqq Y < 10^{0.279}$$

여기서 양변에 로그를 취하면 다음과 같이 된다.

$$\log_{10} 10^{0.277} \leqq \log_{10} Y < \log_{10} 10^{0.279}$$
$$\Leftrightarrow 0.277 \leqq \log_{10} Y < 0.279$$

다시 상용로그표에서 0.277~0.279를 찾으면 1.90 부분에 0.2788이 있으므로, 이 경우는 위의 3자리를 구할 수 있다 (반드시 3자리를 구할 수 있는 것은 아니다). 따라서 $13^{20} = 1.90 \times 10^{22}$ 이 된다.

🔵 15^{50}의 자릿수와 최고자리수(와세다대학교)

이것은 대학 입시에도 빈번히 나오는 계산 문제로, 대학 입시에서는 대부분 필요한 상용로그만 제공된다.

'15^{50}의 자릿수와 최고자리수를 구하라'라는 와세다(早稲田)대학교 입시 문제에서는 $\log_{10} 2 = 0.3010$, $\log_{10} 3 = 0.4771$,

$\log_{10} 7 = 0.8451$을 이용하라고 했다.

우선, $15^{50} = X$라고 하고 양변에 로그를 취한다.

$$\log_{10} 15^{50} = \log_{10} X$$
$$\Leftrightarrow 50 \log_{10}(3 \times 5) = \log_{10} X$$
$$\Leftrightarrow 50(\log_{10} 3 + \log_{10} 5) = \log_{10} X$$

상용로그표가 있다면 $\log_{10} 5$도 표를 보고 알아내면 되지만 이 문제에서는 $\log_{10} 2$, $\log_{10} 3$, $\log_{10} 7$밖에 주어지지 않았으므로 좀 더 생각해볼 필요가 있다.

$$\log_{10} 5 = \log_{10} \frac{10}{2} = \log_{10} 10 - \log_{10} 2$$
$$= 1 - \log_{10} 2$$
$$50(\log_{10} 3 + \log_{10} 5) = 50(\log_{10} 3 + 1 - \log_{10} 2)$$
$$= 50(0.4771 + 1 - 0.3010)$$
$$= 50 \times 1.1761 = 58.805$$
$$= \log_{10} X$$

$$\therefore X = 10^{58.805}$$

여기서 지수법칙 $a^m \times a^n = a^{m+n}$을 이용하면 다음과 같다.

$$X = 10^{58} \times 10^{0.805}$$

$10^0 = 1 < 10^{0.805} < 10$이므로 X는 59자릿수라는 것을 먼저 알 수 있다.

다음으로 $10^{0.805} = Y$라고 하면 $\log_{10} Y = 0.805$다. 문제에서 $\log_{10} 7 = 0.8451$이라고 했기 때문에 $Y < 7$라는 것은 알지만, $Y > 6$라는 것을 확인하려면 $\log_{10} 6$의 값을 구해야 한다. 여기서 log의 공식 $\log_a MN = \log_a M + \log_a N$을 이용하면 다음과 같다.

$$\log_{10} 6 = \log_{10}(2 \times 3) = \log_{10} 2 + \log_{10} 3$$
$$= 0.3010 + 0.4771 = 0.7781$$

따라서 $\log_{10} 6 < \log_{10} Y < \log_{10} 7$이므로 Y의 정수 부분 숫자는 6이라는 것을 알 수 있다.

(답) 최고자리수는 6이며 59자릿수

가장 아름다운 수학 공식

1988년 미국 수학 잡지 '매서매티컬 인텔리전서(Mathematical Intelligencer)'는 흥미로운 설문조사를 진행했다. 바로 세상에서 가장 아름다운 수학 공식을 뽑는 것이었다. '수학계 프로듀스×101'의 참가 연습생 후보는 총 24개 공식이었고, 2년에 걸친 치열한 접전 끝에 최종 선정된 식은 바로 '오일러 항등식'이었다.

이 공식이 어떤 것인지 알아보기 전, 수학에서 가장 아름다운 수에 대해 먼저 생각해보자. 실체가 없는 무형의 존재 수에 아름답다는 형용사를 붙이는 것이 가당키나 할까 싶지만, 굳이 찾아보자면 어떤 게 있을까. 어쩌면 가장 단순한 수가 궁극의 아름다움을 갖췄을지도 모른다. 바로 0, 1, π, i, e처럼 말이다. 오일러 항등식은 아름다운 다섯 가지 수의 결합만으로 만들어진다. 그러니 가장 아름다운 공식에 선정될 수밖에 없었겠지. 실수와 허수가 힘을 합쳐 무(無)로 돌아가는 것보다 아름다운 공식이 또 있을까.

그로부터 14년 후 오일러 항등식은 영국 물리학회지 '피직스 월드(Physics World)'가 주관한 과학계의 가장 아름다운 방정식에도 재차 선정됐다. 식 자체에 이미 나와 있듯이, 자연으로부터 궁극의 미적 하모니를 찾아낸 천재 수학자의 이름은 바로 레온하르트 오일러(1707~1783)다. 오일러의 항등식은 다음과 같다.

$$e^\pi + 1 = 0$$

– 출처: 〈주간동아〉 1237호, p52~54, 과학 커뮤니케이터 궤도 nasabolt@gmail.com

각도에 π 가 나온 이유

360°가 2π인 이유 동영상 ▶Vol.10

고등학교 수학시간에 갑자기 '호도법'이라는 것이 등장해 "앞으로 각도는 육십분법이 아니라 호도법을 사용한다. $360° = 2\pi$ 다."라는 설명을 듣게 된다.

이것은 그야말로 생각을 '180도 전환'이 아니라 'π 전환' 해야 하는 정도다. 초등학교 이래 익숙하게 사용했던 육십분법을 왜 버려야 하는 것일까?

그 답을 찾으려면 육십분법에서 사용하는 360이라는 숫자가 어디서 왔는지 생각해볼 필요가 있다.

원래 각도란 뾰족한 상태를 일정한 수치로 나타내는 것이므로, 한 바퀴의 각도를 얼마로 하든 각도가 배로 될 경우 수치도 배로 되는 정비례 관계만 성립하면 되며 숫자에는 제한이 없다. 그렇다면 왜 360이라는 숫자가 널리 사용되는 것일까. 그것은 지구가 태양 주위를 한 바퀴 돌 때 365일 정도 걸리기 때문이다. 그러나 365라고 하면 약수가 너무 적고, 정삼각형의 내각 등 도형적인 부분에서 특별한 각도를 전부 딱 떨어지게 나눌 수 없는 어중간한 수치가 되어 버려, 365에 가깝고 약수가 많은 360이 한 바퀴의 각도로 선택된 것이다. 즉 360이라는 숫자에 정수론적 근거는 있지만 그 외의 수학적인 근거는 없다. 호도법은 각도를 나타내는 수치로 반지름이 1인 단위원의 호 길이를 채택한 것이다. 앞에서 설명한 것처럼 각도는 그 크기와 수치가 정비례 관계에 있으면 된다. 반지름이 일정한 원의 호 길이와 중심각은 정비례 관계이므로 각도 표기에는 문제가 없다.

호도법의 단점은 π라는 무리수를 사용한다는 것, 직선과 한 바퀴를 제외한 각도가 모두 분수라는 것, 그리고 무엇보다도 360°법에 익숙해져 있어 전환하는 데 어려움이 있다는 것이다. 필자는 호도법을 사용할 때면 아직도 '$\frac{\pi}{3}$는 음… 60°니까 $\cos\frac{\pi}{3}$는 $\frac{1}{2}$'이라고 생각하므로 값이 금방 도출되지 않는다.

이러한 단점에도 불구하고 호도법을 사용하는 이유는 무엇일까? 그것은 sin, cos을 깨끗하게 미분할 수 있고 그 외의 모든 것이 아름답게 조화를 이루기 때문이다.

다음 식을 살펴보자. sin이나 cos을 미분할 때 필요한 삼
각함수에서 가장 중요한 공식 중 하나다.

$$\lim_{x \to 0} \frac{\sin x}{x} = 1$$

이 식은 호도법이므로 우변이 1이고, 육십분법일 경우 우
변이 $\pi/180$다. 어느 쪽이 아름다운지는 한눈에 알 수 있다.
그렇다면 [그림 19]를 참조해서 이와 같은 내용이 성립하는
이유에 대해 알아보자.

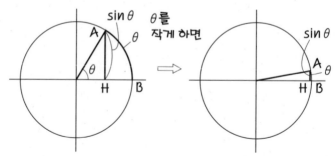

[그림 19] 중심각을 작게 하면 AB와 AH가 일치한다.

이 식을 단순히 이미지화해서 이해해보면, 중심각이 클 때는 $\overarc{AB}$와 AH의 길이가 다르지만 중심각이 한없이 0에 가까워지면 $\overarc{AB} \fallingdotseq AH$가 되고 분모와 분자가 같으므로 앞에 있는 식이 성립된다는 느낌이다([그림 19]).

이때 호도법이 아니고 $360°$법이라면 $\overarc{AB} = \dfrac{\pi x}{180}$, $AH = \sin x$ 이므로 다음과 같이 된다.

$$\lim_{x \to 0} \frac{\sin x}{\pi x / 180} = 1 \left(\text{양변에} \frac{\pi}{180} \text{를 곱한다} \right) \Leftrightarrow \lim_{x \to 0} \frac{\sin x}{x} = \frac{\pi}{180}$$

모습이 별로 아름답지 않으며, 이 상태 $\sin$을 미분해보면 더 현저해진다.

이상과 같은 내용을 엄밀하게 증명한 것이 [그림 20]이다.

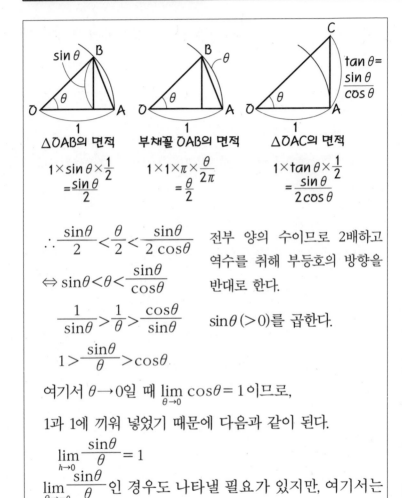

$$\triangle OAB의 면적 \qquad 부채꼴 OAB의 면적 \qquad \triangle OAC의 면적$$

$$1 \times \sin\theta \times \frac{1}{2} \qquad 1 \times 1 \times \pi \times \frac{\theta}{2\pi} \qquad 1 \times \tan\theta \times \frac{1}{2}$$

$$= \frac{\sin\theta}{2} \qquad\qquad = \frac{\theta}{2} \qquad\qquad = \frac{\sin\theta}{2\cos\theta}$$

$$\therefore \frac{\sin\theta}{2} < \frac{\theta}{2} < \frac{\sin\theta}{2\cos\theta}$$

전부 양의 수이므로 2배하고 역수를 취해 부등호의 방향을 반대로 한다.

$$\Leftrightarrow \sin\theta < \theta < \frac{\sin\theta}{\cos\theta}$$

$$\frac{1}{\sin\theta} > \frac{1}{\theta} > \frac{\cos\theta}{\sin\theta}$$

$\sin\theta \,(>0)$를 곱한다.

$$1 > \frac{\sin\theta}{\theta} > \cos\theta$$

여기서 $\theta \to 0$일 때 $\lim\limits_{\theta \to 0} \cos\theta = 1$이므로,

1과 1에 끼워 넣었기 때문에 다음과 같이 된다.

$$\lim_{h \to 0} \frac{\sin\theta}{\theta} = 1$$

$\lim\limits_{\theta \to -0} \dfrac{\sin\theta}{\theta}$ 인 경우도 나타낼 필요가 있지만, 여기서는 생략한다.

[그림 20] 협공으로 증명

sin$x$의 미분 [동영상 ▶Vol.11]

미분의 정의에 따라 sin$x$를 미분하면 다음과 같다.

$$(\sin x)' = \lim_{h \to 0} \frac{\sin(x+h) - \sin x}{h}$$

덧셈정리를 이용하면 다음과 같이 된다.

$$= \lim_{h \to 0} \frac{\sin x \cos h + \cos x \sin h - \sin x}{h}$$

분자를 sin$x$로 묶을 수 있는 것은 묶는다.

$$= \lim_{h \to 0} \frac{\sin x(\cos h - 1) + \cos x \sin h}{h}$$

$$= \lim_{h \to 0} \left\{ \frac{\sin x(\cos h - 1)}{h} + \frac{\cos x \sin h}{h} \right\}$$

$$= \lim_{h \to 0} \left\{ \frac{\sin x(\cos h - 1)(\cos h + 1)}{h(\cos h + 1)} + \cos x \cdot \frac{\sin h}{h} \right\}$$

(왼쪽 분수의 분모와 분자에 $(\cos h + 1)$을 곱했다.)

$$= \lim_{h \to 0} \left\{ \frac{\sin x (\cos^2 h - 1)}{h(\cos h + 1)} + \cos x \cdot \frac{\sin h}{h} \right\}$$

$\sin^2 h + \cos^2 h = 1$을 이용해 $\cos^2 h - 1 = -\sin^2 h$를 대입한다.

$$= \lim_{h \to 0} \left\{ \frac{\sin x (-\sin^2 h)}{h(\cos h + 1)} + \cos x \cdot \frac{\sin h}{h} \right\}$$

$$= \lim_{h \to 0} \left\{ \frac{\sin x (-\sin h)}{\cos h + 1} \cdot \frac{\sin h}{h} + \cos x \cdot \frac{\sin h}{h} \right\}$$

$\lim_{h \to 0} \dfrac{\sin h}{h} = 1$이므로 왼쪽 분수의 좌측은 $\dfrac{0}{2}$이고 $\cos x$ 만 남아 다음과 같이 된다.

$$(\sin x)' = \cos x$$

이것이 호도법이 아닌 육십분법이라면 $\lim_{x \to 0} \dfrac{\sin x}{x} = \dfrac{\pi}{180}$이 므로 다음과 같이 된다.

$$(\sin x)' = \frac{\pi}{180}\cos x$$

아름다움의 차이를 확연히 느낄 수 있다.

cos의 미분도 거의 같은 방법으로 구해지므로 여기서는 결론만 적는다. 반드시 직접 풀어보기 바란다.

$$(\cos x)' = -\sin x$$

그래프 이론의 바탕이 된
오일러의 경로 문제

스위스 출신의 수학자 오일러는 목사인 아버지와 목사의 딸인 어머니 사이에서 육 남매 중 첫째로 태어났다.

한창 사춘기가 시작될 무렵인 13세 때 오일러는 스위스에서 가장 오래된 대학교인 바젤대에 입학했고, 남들은 10년 이상 걸리는 석·박사 학위를 6년 만에 마치고 초고속으로 졸업해버렸다. 당시 러시아 상트페테르부르크 과학 아카데미(현 러시아과학아카데미)에 있던 요한 베르누이의 아들 다니엘 베르누이의 추천으로 러시아로 온 오일러는 24세에 물리학과 정교수가 됐으며, 2년 만에 최고 수학자 자리에 올랐다. 오일러는 러시아에서 실제로 수학 교과서를 펴냈다. 그 외에도 러시아 정부가 요청한 실용적인 문제를 수학적 사고력으로 처리한 그는 유명한 난제도 하나 해결해냈다. 바로 '쾨니히스베르크의 다리 건너기' 문제다.

당시 프로이센의 쾨니히스베르크에는 프레골랴 강이 흐르고 있었고, 강 중심에 자리한 섬과 연결된 일곱 개의 다리를 통해 사람들이 오갔다. 그때 도시에 전해지는 전설처럼 검증되지 않은 소문이 나돌았는데, 이 다리를 딱 한 번씩만 지나 모든 다리를 건널 수 있다는 이야기였다. 어떤 사람은 몇 번 만에 성공했다느니, 사실 절대 성공할 수 없다느니 말이 많았지만 누구도 확실하게 증거를 제시하지 못했다. 그런데 1735년 오일러가 이것이 불가능함을 수학적으로 증명해냈다. 결론은 한붓그리기 문제인데, 붓을 종이에서 한 번도 떼지 않고는 결코 그려낼 수 없다는 사실을 검증한 이것으로부터 '오일러 경로 문제'가 나왔다.

– 출처: 〈주간동아〉 1237호, p52~54, 과학 커뮤니케이터 궤도 nasabolt@gmail.com

'*e*'란 무엇인가?

'네이피어의 수'의 정체 동영상▶Vol.12 윤황현▶Vol.13

네이피어의 수 e는 2.718…로 무한히 계속되는 무리수이고 전혀 자연스럽지 않은데도 '자연로그의 밑'이라고 표현한다. 그렇다면 e는 무엇일까.

e에 대해서는 발견 및 정의된 과정을 무시할 경우 다음과 같은 네 가지 '사실'을 알 수 있다.

① $e = \lim\limits_{n \to \infty} \left(1 + \dfrac{1}{n}\right)^n$

$e = \lim\limits_{h \to 0} (1 + h)^{\frac{1}{h}}$

② 미분해도 같은 식

$y = e^x \qquad y' = e^x$

③ $y = e^x$의 $(0, 1)$에서 접선 기울기는 1

④ $(\log_e x)' = \dfrac{1}{x}$

정의는 사물의 의미를 결정하는 것이고, 정리는 정의로부터 논리를 전개하여 얻은 일정한 법칙 및 공식을 말한다.

따라서 정의에 대해서는 원칙적으로 '왜?'라고 물을 수 없다. "이등변삼각형의 두 변의 길이는 왜 똑같은가?"라는 질문에는 "그렇게 정했기 때문"이라는 답밖에 할 수 없다. 원래 이등변삼각형의 정의 등은 누구나 쉽게 받아들일 수 있는 명백한 내용이므로 그런 질문은 하지 않을 것이다.

그렇다고 해도 "왜?"라고 묻고 싶은 정의가 많은 것은 사실이다($0! = 1$ 등). 그것은 특이한 이름을 가진 사람에게 "이름이 왜 그래?"라고 묻고 싶은 것과 비슷하다. 이름은 지은 사람에게 나름의 생각이 있었을 것이므로 그 사람에게 물어보지 않으면 알 수 없다.

이름을 지은 유래와 마찬가지로, 처음 들었을 때 이상하게 생각되는 정의($5^{-2} = \dfrac{1}{5^2}$ 등)에는 그렇게 함으로써 여러모로 상황이 나아지고 수학적으로도 아름답게 조화를 이룰 수 있다는 이유가 있기 때문에 그 의미를 생각해보는 것이 중요하다.

*e*의 정의는 앞에 나온 ①~④ 중 하나지만(다른 3개는 정리), 어떤 것을 정의로 해도 '2변의 길이가 같은 삼각형을

이등변삼각형이라고 한다'와 같이 쉽게 받아들여지지는 않을 것이다.

그래서 지금부터 왜 그렇게 정의했는지 설명한다. e에 대한 ①~④의 사실은 평행사변형의 정의 및 정리 관계와 매우 비슷하다.

평행사변형의 정의는 '마주보는 한 쌍의 변이 평행한 사각형'이다. 이 정의로부터 도출되는 세 가지 주요 정리는 ① '마주보는 변의 길이는 각각의 쌍이 같다', ② '마주보는 각의 각도는 각각의 쌍이 같다', ③ '대각선은 각각의 중점에서 교차한다'이다.

이 세 가지 정리는 모두 정의와 교체 가능하다. 예를 들어 ①과 정의를 교체하면, 즉 평행사변형의 정의를 '마주보는 한 쌍의 변의 길이가 각각 같은 사각형'이라고 하면(이름도 '등변사각형'이라고 바꿔야 할까?) ①의 정리는 '마주보는 변은 각각의 쌍이 평행하다'가 된다.

즉 평행사변형과 관련된 주요한 4가지 사실은 하나를 정의로 하면 다른 3가지가 정리로 도출되는 관계다.

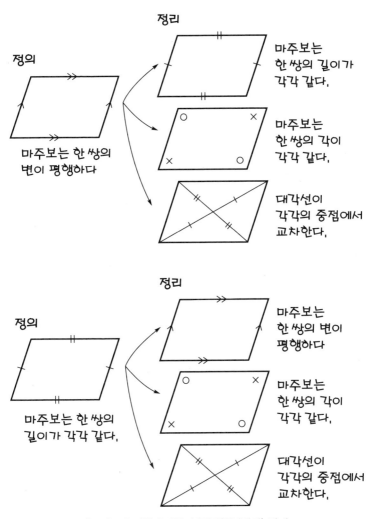

정리

정의

마주보는 한 쌍의
변이 평행하다

마주보는
한 쌍의 길이가
각각 같다.

마주보는
한 쌍의 각이
각각 같다.

대각선이
각각의 중점에서
교차한다.

정리

정의

마주보는 한 쌍의
길이가 각각 같다.

마주보는
한 쌍의 변이
평행하다

마주보는
한 쌍의 각이
각각 같다.

대각선이
각각의 중점에서
교차한다.

[그림 21] 평행사변형의 '정의'와 '정리' 관계

e가 발견되고 설명되는 데까지 상당한 시간이 필요했으므로 정의도 그 시계열에 따라야 한다고 생각할 수 있지만, 4가지 사실이 이미 알려진 현재 어느 것을 정의로 해야 하는가라는 부분은 큰 문제가 아니라고 생각한다. 중요한 점은 어떤 것을 정의라고 했을 때 네 가지 사실을 논리적으로 연결시킬 수 있어야 한다는 것이다.

그러나 슬프게도 이 네 가지 사실의 결합성을 이해하지 못한 채 사실만 암기해서 활용하는 학생이 대부분이다. 근본적인 부분은 이해하지 않고 방법만 외워 임시방편으로 점수를 따기 위해 공부하는 수학만큼 재미없는 것은 없다.

e는 몇인가?

여기서는 4가지 사실 중 ① $e = \lim\limits_{n\to\infty}\left(1+\dfrac{1}{n}\right)^n$ 을 정의로 하여 이야기를 계속해본다.

우선 e는 몇일까. 이것을 알기 위해서는 이항정리가 필요하다.

〈이항정리〉

$$(a+b)^n = (a+b)(a+b)(a+b)\cdots(a+b)$$
$$= a^n + {}_nC_1 a^{n-1}b + {}_nC_2 a^{n-2}b^2 + {}_nC_3 a^{n-3}b^3 +$$
$$\cdots + {}_nC_{n-1} ab^{n-1} + b^n$$

이항정리의 식을 처음 본 사람들은 대부분 거부반응을 일으킬 것이다. 그러나 수학의 정리나 공식 같은 것은 하나 하나 주의 깊게 풀어서 생각하면 별것 아니며, 이항정리 또한 마찬가지다.

먼저 첫 번째 a^n의 경우 n개인 $(a+b)$의 모든 괄호에서 a를 골라 곱했기 때문에 a^n이며, 개수는 한 개밖에 없다.

  그 다음 $_nC_1a^{n-1}b$는 n개인 $(a+b)$ 중 하나의 괄호에서 b를 선택하고 나머지 $(n-1)$개는 a를 선택하여 곱하므로 $a^{n-1}b$가 된다. 그리고 그 개수는 n개의 괄호에서 b를 선택하는 괄호 1개를 고르는 경우의 수이므로 $_nC_1=n$이 된다.

  또한 $_nC_2a^{n-2}b^2$은 n개인 $(a+b)$ 중 2개의 괄호에서 b를 선택하고 나머지 $(n-2)$개는 a를 선택하여 곱하므로 $a^{n-2}b^2$이 되고, 그 개수는 n개의 괄호에서 b를 선택하는 2개의 괄호를 고르는 경우의 수이므로 $_nC_1=\dfrac{n(n-1)}{2!}$이다. 이하 마찬가지다.

$$\left(1+\frac{1}{n}\right)^n = 1+n\cdot\frac{1}{n}+\frac{n(n-1)}{2!}\cdot\frac{1}{n^2}+$$

$$\frac{n(n-1)(n-2)}{3!}\cdot\frac{1}{n^3}+\frac{n(n-1)(n-2)(n-3)}{4!}\cdot\frac{1}{n^4}\cdots$$

$$=1+1+\frac{n^2-n}{2!\cdot n^2}+\frac{n^3-3n^2+2n}{3!\cdot n^3}+$$

$$\frac{n^4-6n^3+11n^2-6n}{4!\cdot n^4}+\cdots$$

$$= 1 + 1 + \frac{1}{2!} - \frac{1}{2! \cdot n} + \frac{1}{3!} - \frac{3}{3! \cdot n} + \frac{2}{3! \cdot n^2}$$

$$+ \frac{1}{4!} - \frac{6}{4! \cdot n} + \frac{11}{4! \cdot n^2} - \frac{6}{4! \cdot n^3} + \frac{1}{5!} + \cdots$$

여기서 $n \to \infty$이므로 분모에 n이 있는 것은 모두 0으로 간주한다. 따라서 다음 식과 같이 된다.

$$e = 1 + \frac{1}{1!} + \frac{1}{2!} + \frac{1}{3!} + \frac{1}{4!} \cdots$$

그렇다면 이 값은 몇 개일까. 직접 구하기는 어려우므로 이 값보다 크며 무한하게 더한 합을 알 수 있는 식을 준비한다. 그것은 첫 항이 $\frac{1}{2}$이고 공비도 $\frac{1}{2}$인 등비수열의 합이다. 이것을 S라고 한다.

$$S = \frac{1}{2} + \frac{1}{2^2} + \frac{1}{2^3} + \cdots$$

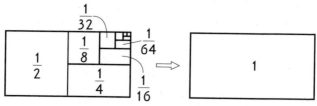

[그림 22] 등비수열을 도형으로 살펴본다.

S는 등비수열의 합의 공식으로 구할 수 있는데, 이 경우 면적이 1인 크기의 직사각형을 반, 반으로 차례차례 더해 가는 [그림 22]를 보면 S＝1을 일목요연하게 알 수 있다.

$$e = 1 + \frac{1}{1!} + \frac{1}{2!} + \frac{1}{3!} + \frac{1}{4!} + \cdots$$

$$\wedge \qquad \wedge \qquad \wedge$$

$$S = \qquad \frac{1}{2^1} + \frac{1}{2^2} + \frac{1}{2^3} + \cdots$$

여기서 e와 S의 분모를 비교해보자. $2 = 2!$, $2^2 < 3!$, $2^3 < 4!$로 e의 분모가 더 크다. 분수는 분모가 큰 쪽이 작으므로 $e < S + 2 = 3$라는 것을 알 수 있다. 따라서 $e < 3$라는 것을 알 수 있다.

◀(0, 1)에서 접선의 기울기가 1인 지수함수 동영상 ▶Vol.13 윤황현 ▶Vol.14

지수함수 $y=a^x(a>1)$의 그래프는 a값에 관계없이 반드시 (0, 1)을 지난다. 여기서는 어떤 지수함수든지 반드시 통과하는 특별한 점 (0, 1)의 접선에 대해 살펴본다.

a의 값이 커지면 접선의 기울기도 커진다.

$y=2^x$의 그래프라면 [그림 23]에서 알 수 있듯이 (0, 1)에서의 접선의 기울기가 1보다 작다. $y=3^x$이라면 (0, 1)에서의 접선의 기울기는 1보다 약간 클 것 같다. 즉 (0, 1)에서 접선의 기울기가 1인 지수함수 $y=a^x$의 a값은 $2<a<3$인 것을 알 수 있다.

이야기의 흐름상 이것이 e일 것이라고 상상할 수 있다. 물론 이 시점에서는 (0, 1)에서 접선의 기울기가 1인 지수함수 $y=a^x$의 a가 e라는 것을 아직 알 수 없다.

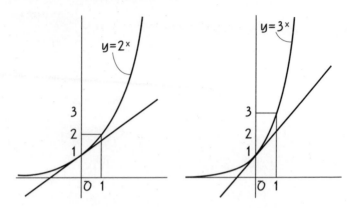

[그림 23] 지수함수 y=2^{x}과 y=3^{x}의 그래프

이제 (0, 1)에서 접선의 기울기가 1인, 어느 특별한 a의 $y=a^x$에 대해 고찰해보자. 접선 이야기이므로 미분한다. 미분의 정의는 다음과 같다.

$$f'(x) = \lim_{h \to 0} \frac{f(x+h) - f(x)}{h}$$

그러므로 $y=a^x$의 미분은 다음과 같다.

$$y' = \lim_{h \to 0} \frac{a^{(x+h)} - a^x}{h}$$

분자를 a^x으로 묶으면 다음 식과 같이 된다.

$$y' = \lim_{h \to 0} \frac{a^x(a^h - 1)}{h}$$

여기서 a는 (0, 1)에서 접선의 기울기가 1인 특별한 a이므로, 미분한 식에 $x=0$을 대입하면 1이 될 것이다.

$$y' = \lim_{h \to 0} \frac{a^0(a^h - 1)}{h} = \lim_{h \to 0} \frac{a^h - 1}{h} = 1$$

다시 $y=a^x$의 미분한 식을 살펴보면 다음과 같다.

$$y' = \lim_{h \to 0} \frac{a^x(a^h - 1)}{h}$$

여기에 다음 식을 대입하면 $y'=a^x$이 된다.

$$\lim_{h \to 0} \frac{a^h-1}{h} = 1$$

즉 (0, 1)에서 접선의 기울기가 1인 특별한 a의 지수함수 $y=a^x$은 미분해도 원래의 식과 같다는 것을 알 수 있다(반복해서 말하지만, 이 시점에서는 아직 a가 e라는 것을 알 수 없다).

◗로그함수 $y=\log_a x$를 생각하다

여기서 '역함수'에 대해 생각해보자. $y=f(x)$의 식을 x에 대해 풀어 $x=g(y)$로 하여 x와 y를 바꿔 넣은 $y=g(x)$를 $y=f(x)$의 역함수라고 하며, $y=f(x)$와 $y=g(x)$는 직선 $y=x$에 관해 선대칭이다.

〈구체적인 예〉

$$y = 2x + 1$$
$$\Leftrightarrow 2x = y - 1$$
$$\Leftrightarrow x = \frac{y}{2} - \frac{1}{2}$$

따라서 $y=2x+1$의 역함수는 $y=\dfrac{x}{2}-\dfrac{1}{2}$이 된다.

우선 임의의 점 A(a, b)를 정하고, $y=x$에 대해 대칭인 점의 좌표가 x 좌표와 y 좌표를 바꾼 B(b, a)라는 것은 그림의 △OAM과 △OBN이 합동이라는 점에서 분명히 알 수 있다([그림 24]).

그래서 어떤 함수 $y=f(x)$를 x에 대해 풀어 $x=g(y)$라고 하면 $y=f(x)$의 역함수는 $y=g(x)$가 된다.

이 함수 $y=f(x)$, 즉 $x=g(y)$상에 있는 점의 y 좌표를 X라고 했을 때 x 좌표는 $g(X)$다.

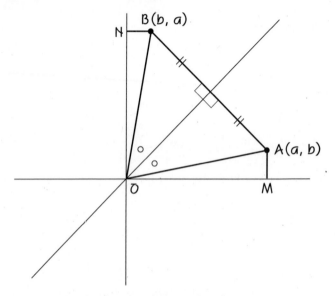

[그림 24] $y=x$에 대해 선대칭인 두 개의 점

P($g(X)$, X)의 $y=x$에 대해 대칭인 점은 [그림 24]에서 증명한 A점과 B점의 관계에서 x 좌표와 y 좌표를 교체한 것(X, $g(X)$)으로 되어 함수 $y=g(x)$상에 있음을 알 수 있다([그림 25]).

따라서 $y=f(x)$와 역함수 $y=g(x)$는 $y=x$에 대해 선대칭이라는 것을 알 수 있다.

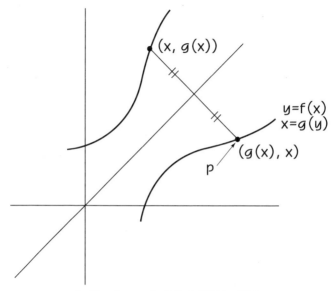

[그림 25] $y=x$에 대해 선대칭인 역함수

▶ y = aˣ의 역함수를 생각하다

$y=a^x$을 x에 대해 풀면 $x=\log_a y$가 된다.

반복해서 말하지만, 여기서 a는 일반적인 a가 아니라 지수함수 $y=a^x$의 $(0, 1)$에서 접선의 기울기가 1이 되는 특별한 a라고 생각해야 한다.

[그림 26]과 같이 $(0, 1)$의 $y=x$에 대해 선대칭인 점은 $(1, 0)$이며, 그 접선도 $y=x$에 대해 선대칭이므로 기울기는 1이다. 따라서 $y=\log_a x$를 미분해본다.

미분의 정의

$$f'(x) = \lim_{h \to 0} \frac{f(x+h) - f(x)}{h}$$

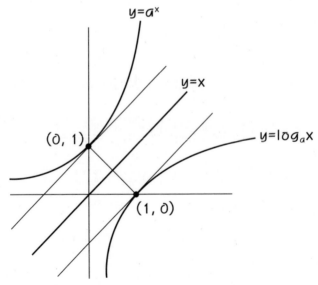

[그림 26] $y=a^x$과 역함수 $x=\log_a y$

이와 같은 미분의 정의에 따라 미분해보면 $y' = \lim\limits_{h \to 0}$ $\dfrac{\log_a(x+h) - \log_a x}{h}$가 되고 로그의 뺄셈은 나눗셈으로 변환할 수 있으므로 다음과 같이 된다.

$$= \lim_{h \to 0} \frac{\log_a \dfrac{x+h}{x}}{h}$$

$\dfrac{1}{h}$을 앞에 쓰고,

$$= \lim_{h \to 0} \frac{1}{h} \log_a \left(1 + \frac{h}{x}\right)$$

로그의 계수를 오른쪽 위의 지수로 가져갈 수 있으므로 다음과 같이 된다.

$$= \lim_{h \to 0} \log_a \left(1 + \frac{h}{x}\right)^{\frac{1}{h}}$$

[그림 26]에서 $x=1$의 접선 기울기는 1이므로 $x=1$을 대입하면 다음 식과 같이 된다.

$$\lim_{h \to 0} \log_a (1+h)^{\frac{1}{h}} = 1$$

로그가 1이 되는 것은 밑과 진수가 같을 때, 즉 $a = \lim\limits_{h \to 0}(1 + h)^{\frac{1}{h}}$이며 우변은 e의 정의 그 자체다. 지금까지의 내용을 정리하면 e는 다음 식과 같다.

$$e = \lim_{n \to \infty}\left(1 + \frac{1}{n}\right)^n, \; e = \lim_{h \to 0}(1 + h)^{\frac{1}{h}}$$

이와 같이 정의하고 (0, 1)에서 접선의 기울기가 1인 특별한 지수함수 $y=a^x$에 대해 고찰하면, 우선 (0, 1)에서 접선의 기울기가 1인 경우 $y=a^x$은 미분해도 식이 변하지 않는다는 것을 알 수 있다. 그리고 $y=a^x$의 역함수 $y=\log_a x$의 (1, 0)에서 접선을 살펴보면 $a=e$라는 것을 알 수 있다.

또한 e에 관한 네 번째 사실인 $(\log_e x)' = \dfrac{1}{x}$은 다음과 같이 증명할 수 있다.

먼저 미분의 정의를 확인한다.

$$f'(x) = \lim_{h \to 0} \frac{f(x+h) - f(x)}{h}$$

그러므로 다음과 같이 된다.

$$(\log_e x)' = \lim_{h \to 0} \frac{\log_e(x+h) - \log_e x}{h}$$

$\dfrac{1}{h}$을 앞에 놓고 로그의 뺄셈을 나눗셈으로 바꾸면 다음과 식과 같이 된다.

$$= \lim_{h \to 0} \frac{1}{h} \log_e\left(1 + \frac{h}{x}\right)$$

$\dfrac{h}{x} = t$라고 하면, $h = xt$

$\lim h \to 0$이면 $\lim t \to 0$

$$\lim_{h \to 0} \frac{1}{h} \log_e\left(1 + \frac{h}{x}\right) = \lim_{t \to 0} \log_e(1+t)^{\frac{1}{xt}}$$

$\dfrac{1}{x}$만 앞으로 내면 다음과 같이 된다.

$$\lim_{t \to 0} \frac{1}{x} \log_e(1+t)^{\frac{1}{t}} = \frac{1}{x}(\lim_{t \to 0}(1+t)^{\frac{1}{t}} = e \text{이므로})$$

이로써 e에 대한 네 가지 사실이 연결되었다.

수학에 남긴 발자취 너무 많아

오일러가 수학 분야에 남긴 발자취는 너무 많아 다 적을 수조차 없다. 가장 아름다운 공식에 사용된 오일러의 수(e)뿐 아니라, 원주율(π), 허수 기호(i)도 오일러가 처음 표기했으며, 삼각함수 기호인 sin, cos, tan도 마찬가지다. 특히 역사상 유명한 미해결 문제를 접할 때면 늘 오일러의 이름이 언급될 정도로 중요한 힌트를 남겼다. '수학계의 타노스'로 불리는 리만 가설에서도 그의 역할은 중대했다. 자기 자신 외에 더는 나눠지지 않는 자연수인 소수, 모두가 이 소수를 의미 없는 숫자의 모임이라며 그다지 관심을 두지 않았다. 오직 오일러만이 불규칙한 소수들 사이에서 일정한 규칙을 발견하고자 잠을 줄여가며 계산에 몰입했고, 결국 그가 발견한 건 소수만으로 이뤄진 새로운 수식이었다. 소수의 곱으로 표현된 식이 원의 둘레와 지름의 비를 구하는 식과 유사하다는 사실을 알아낸 오일러 덕분에 훗날 제타함수라는 중요한 아이디어가 등장했으며, 결국 한참 후배인 카를 프리드리히 가우스의 제자 베른하르트 리만에 의해 160년 전 리만 가설로 정립됐다. '페르마의 마지막 정리' 역시 오일러와 깊은 관련이 있다. 피에르 페르마가 제시한 식에서 '모든 지수가 3 이상의 정수일 때 만족하는 항의 미지수를 만족하는 양의 정수는 존재하지 않는다'는 추측을 증명하고자 오일러는 페르마가 남겨놓은 자료들을 열심히 뒤졌다. 마침내 지수가 4인 경우에 대해 페르마가 증명해놓은 내용을 힘겹게 발견했고, 이것을 바탕으로 지수가 3인 경우까지 증명해냈다. 또 아주 오래전부터 전해 내려오는 정수론의 유명한 미해결 문제 가운데 '골드바흐의 추측'이 있다. 2보다 큰 모든 짝수는 2개의 소수 합으로 표시할 수 있다는 것인데, 이 추측 역시 독일 수학자 크리스티안 골드바흐가 오일러에게 쓴 편지에서 시작됐다. 오일러는 골드바흐가 보내온 추측을 수학적으로 깔끔하게 다듬었으며, 270여 년이 지난 현재까지도 수많은 천재 수학자가 완벽한 증명을 위해 매달리고 있다.

– 출처: 〈주간동아〉 1237호, p52~54, 과학 커뮤니케이터 궤도 nasabolt@gmail.com

제 **6** 장

'*i*'란 무엇인가?

▶복소수란 무엇인가? 동영상▶Vol.14 윤황현▶Vol.15

수학 공식의 원리를 이해하지 않고 단순하게 공식을 암기한 후 문제를 푸는 사람이 적지 않다. 사실 적지 않은 정도가 아니라 안타깝게도 대부분이 그렇다. 주문처럼 중얼중얼 암기해서 거기에 숫자만 대입하는 것이다. 대표적인 예로 '이차방정식의 근의 공식'을 들 수 있다.

중학교 의무 교육을 받은 사람 중에서 근의 공식에 대한 구조를 이해하고 도출할 수 있는 사람이 과연 몇 %나 될까. 필자 생각으로는 5% 이하일 것 같다. 실생활에서 쓸 일이 거의 없는 공식을 단순하게 암기하는 방식으로 무리하게 배울 경우 수학이 싫어질 수밖에 없다.

이차방정식은 근의 공식을 도출하는 순서로 학습하지만, 도중에 인수분해에 의한 풀이 방법을 배움에 따라 이차방정식 관련 문제 중 90% 이상이 인수분해에 의해 풀리도록 출제된다. 따라서 근의 공식은 인수분해가 되지 않을 때의 마지막 수단으로 되면서 등장 빈도가 적어 소홀해진다.

이차방정식은 '제곱했을 때 9가 되는 숫자는 무엇인가'라는 것부터 시작된다.

$$x^2 = 9$$
$$x = \pm 3$$

물론 우변이 제곱수(자연수의 제곱으로 나타나는 수)가 아니라도 양수면 상관없다.

$$x^2 = 5$$
$$x = \pm\sqrt{5}$$

알기 쉬운 형태의 이차 방정식 ①

$$(x-2)^2 = 25$$
$$x - 2 = \pm 5$$
$$x = 2 \pm 5 = 7, \ -3$$

알기 쉬운 형태의 이차 방정식 ②

$$(x+3)^2 = 2$$
$$x+3 = \pm\sqrt{2}$$
$$x = -3\pm\sqrt{2}$$

여기서 ①의 방정식을 전개해 좌변에 붙이면 $x^2-4x-21$ =0이 된다. 이 식의 좌변은 $(x-7)(x+3)$으로 인수분해할 수 있기 때문에 보통 인수분해로 푼다.

한편 ②의 식을 전개해 좌변에 붙이면 $x^2+6x+7=0$이 된다. 이 식의 좌변은 정수 범위에서 인수분해가 불가능하다. 이럴 때 대부분의 사람들이 근의 공식을 떠올린다. 그러나 알기 쉬운 형태로 되어 있고 바로 풀 수 있다면 그 형태를 직접 활용해도 된다.

결국 목표는(목표를 명확히 하는 것은 수학 문제를 비롯해 더 큰 문제를 풀 때도 중요하다) $(x\pm a)^2 = b$라는 형태가 되도록 하는 것이다.

원래 식의 x^2의 계수가 1이라면 이야기는 간단해진다.

$x^2+6x+7=0$의 x의 1차 계수 절반을 a로 하면 된다.

$(x+3)^2$을 전개하면 x의 2차와 1차까지는 갖춰진다. 단, $(x+3)^2=x^2+6x+9$이므로 원래 식에 없던 9가 등장하기 때문에 그것을 빼고 원래 있던 +7은 그대로 쓴다.

즉 $x^2+6x+7=(x+3)^2-9+7=0 \Leftrightarrow (x+3)^2=2$가 되며, 이렇게 하면 알기 쉬운 형태가 되므로 나머지는 간단히 풀 수 있다.

$x^2+5x+2=0$과 같이 x의 1차 계수가 홀수일 경우 a는 분수가 되어 버리지만 그것은 어쩔 수 없다.

$$\left(x+\frac{5}{2}\right)^2-\frac{25}{4}+2=0$$

$$\Leftrightarrow \left(x+\frac{5}{2}\right)^2=\frac{17}{4}$$

$$x+\frac{5}{2}=\pm\sqrt{\frac{17}{4}}=\pm\frac{\sqrt{17}}{2}$$

$$x=\frac{-5\pm\sqrt{17}}{2}$$

지금까지 x^2의 계수는 모두 1이었으나 1 외의 다른 것일 수도 있다.

$2x^2+6x+7=0$의 경우 방정식이므로 0이 아니라면 무엇으로든 양변을 나눠도 된다. 즉 x^2의 계수를 1로 만드는 것은 간단하다. x^2의 계수가 1이 되면 진행하는 작업이 같아진다.

이것을 알고 있으면 근의 공식을 매우 쉽게 도출할 수 있다. 한번 해보자.

$$ax^2+bx+c=0 \ (a\neq0)$$

우선 x^2의 계수를 1로 하고 싶으므로 다음과 같이 양변을 a로 나눈다.

$$x^2+\frac{b}{a}x+\frac{c}{a}=0$$

x의 1차 계수 절반을 $(x+\square)^2$의 $\square$에 넣는다.

$$\left(x+\frac{b}{2a}\right)^2$$

$\left(x+\dfrac{b}{2a}\right)^2$을 전개하면 원래 식에 없었던 $\dfrac{b^2}{4a^2}$이 등장하므로 뺀다.

다음에는 원래 있었던 $\dfrac{c}{a}$를 쓰고 통분해서 우변으로 이항하기만 하면 된다.

$$\left(x+\frac{b}{2a}\right)^2-\frac{b^2}{4a^2}+\frac{c}{a}=0$$

$$\left(x+\frac{b}{2a}\right)^2=\frac{b^2}{4a^2}-\frac{c}{a}=0$$

$$\left(x+\frac{b}{2a}\right)^2=\frac{b^2-4ac}{4a^2}$$

$$x+\frac{b}{2a}=\pm\sqrt{\frac{b^2-4ac}{4a^2}}$$

여기서 $a>0$인 경우 $\sqrt{4a^2}=2a$지만, $a<0$인 경우는 $\sqrt{4a^2}$ $=-2a$다. 그러나 앞에 $\pm$가 붙어 있으므로 신경 쓸 필요가 없으며 $\sqrt{4a^2}=\pm2a$로 하여 다음과 같이 근의 공식이

도출된다.

$$x = \frac{-b \pm \sqrt{b^2 - 4ac}}{2a}$$

근의 공식은 이차방정식에서 만능으로 여겨지며, 이것을 사용하면 어떤 이차방정식이든 풀 수 있다. 단, 루트 안의 수가 음수면 실숫값을 갖지 않는다.

예를 들어 $(x-2)^2 = 0$도 이차방정식이지만 근은 $x = 2$뿐이다. 이때의 근을 중근이라고 한다. 여기서 잠깐 중근에 대해 생각해보면, (어디까지나 내 상상이지만) 이차방정식의 근은 반드시 두 개라야 하는데 이 경우 두 개의 해가 때마침 겹쳐 하나로 보이는 것 같은 느낌이다.

그렇다면 루트 안의 수가 음수일 때 근이 없다는 것은 수학적 사고로 생각했을 때 아무래도 그냥 넘어갈 수 없다. 이차방정식에는 반드시 두 개의 근이 있어야 하므로 제곱했을 때 −1이 되는 수를 만든다면 통일성이 유지되어 아름다워진다.

이러한 경위 때문인지는 알 수 없지만, $i^2 = -1$이라는 수가 만들어졌다. 이것이 단순히 이차방정식에 두 개의 근을 갖게 하기 위한 임시방편이라면 이러한 수는 정의되지 않았을 것이다.

허수(imaginary number의 앞 글자를 따서 i라고 함)는 $i^2 = -1$이 되는 수라고 정의되어 있다. 천재인 가우스가 상상 속의 수인 i를 시각화할 수 있도록 발명한 복소평면(가우스 평면)에서 모든 것이 아름답게 조화를 이루는 모습은 수학적 묘미의 결정체라고 할 수 있다. 이제 그것을 만끽해보자.

초등학교에서 배운 수직선의 0 지점에 수직인 직선을 긋고, 그것을 허수축으로 하여 함수의 $x-y$ 평면과 비슷하게 (다른 것이므로 헷갈리지 않게 주의한다) 만든 것이 복소평면이다. 예를 들면 $x-y$ 평면에서 (2, 3)의 지점을 $2+3i$로 나타낸다([그림 27]).

복소수의 덧셈·뺄셈

복소수의 덧셈과 뺄셈은 벡터와 마찬가지 방법으로 평행
사변형을 그리면 되므로 이해하기 쉬워 보인다.

$$(2+3i)+(3-i)=5+2i$$

그렇다면 곱셈과 나눗셈은 어떨까? $i^2=-1$로 한다는 것
외에는 전부 지금까지와 같은 계산 법칙을 적용한다.

$$(2+3i)(3-i)=6+(9-2)i-3i^2=6+7i-(-3)$$
$$=9+7i$$

이처럼 계산 자체는 별것 아니지만 $9+7i$가 복소평면상
에서 어떻게 이동하는지는 궁금하다. 덧셈이나 뺄셈처럼 그
움직임을 시각적으로 파악할 수는 없을까?

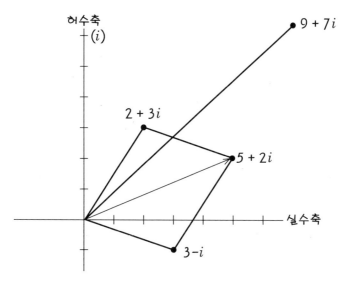

[그림 27] 복소수의 계산을 시각적으로 파악한다.

절댓값이란 동영상 ▶Vol.15

　중학교 1학년 때 음수에 대해 학습하면서 |-3| = 3, |4| = 4와 같은 절댓값이라는 개념도 배웠을 것이다. 그렇다면 절댓값이란 무엇일까?

중학생이라면 양수는 그 상태, 음수는 마이너스를 뺀 것이라고 생각해도 상관없다. 그러나 그렇게만 생각할 경우 복소수에서 절댓값을 정의할 때 복소수는 양수, 음수를 생각하지 않으므로 곤란해진다.

이때 절댓값을 '원점으로부터의 거리'라고 정의하면 어떨까. 그러면 실수의 경우 지금까지와 같이 양의 수는 그대로, 음의 수는 마이너스를 뺀 수라고 생각하면 되고, 복소수도 원점으로부터의 거리는 마찬가지로 정해지기 때문에 정의로서 적합한 것 같다.

절댓값을 원점으로부터의 거리라고 정의하면 복소수의 절댓값은 피타고라스의 정리를 이용하여 구할 수 있다.

앞에서의 곱셈을 살펴보면 각각

$|2+3i| = \sqrt{2^2+3^2} = \sqrt{13}, |3-i| = \sqrt{3^2+1^2} = \sqrt{10}$이 되며, 그 결과인 $9+7i$의 절댓값을 계산해보면 $|9+7i| = \sqrt{130}$이 된다. 그러면 복소수의 곱셈은 절댓값끼리 곱해질 것으로 추측된다.

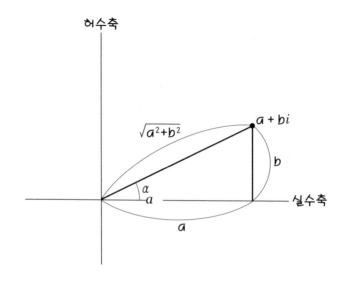

[그림 28] 복소수를 각도로 파악한다.

복소수는 복소평면에서 생각하면 실수축과 각도를 갖고 있다(평소에는 의식하지 않지만 사실 실수도 $0°$, $180°$, $360°$의 각도를 갖고 있다). 그 각도를 a라고 하고, a를 이용해 $a+bi$를 다른 방법으로 표기해보자.

[그림 28]에서 $\cos\alpha = \dfrac{a}{\sqrt{a^2+b^2}}$, $\sin\alpha = \dfrac{b}{\sqrt{a^2+b^2}}$이 되어 $a = \sqrt{a^2+b^2}\cos\alpha$, $b = \sqrt{a^2+b^2}\sin\alpha$와 같이 된다.

따라서 $a+bi=\sqrt{a^2+b^2}(\cos\alpha+i\sin\alpha)$가 된다.

마찬가지로 $c+di=\sqrt{c^2+d^2}(\cos\beta+i\sin\beta)$가 된다.

이와 같은 복소수의 형태를 '극형식(極形式)'이라고 한다 (polar form의 직역). 곱셈의 결과인 $(a+bi)(c+di)=ac-bd+(ad+bc)i$도 극형식으로 나타내보자(각도는 아직 모르므로 γ 라고 해둔다).

$$\sqrt{(ac-bd)^2+(ad+bc)^2}(\cos\gamma+i\sin\gamma)$$

루트 안의 내용만 따로 계산하면 다음과 같다.

$$(ac-bd)^2+(ad+bc)^2=a^2c^2-2abcd+b^2d^2+a^2d^2+\\2abcd+b^2c^2$$
$$=a^2c^2+b^2d^2+a^2d^2+b^2c^2$$

$$= a^2(c^2 + d^2) + b^2(c^2 + d^2)$$
$$= (a^2 + b^2)(c^2 + d^2)$$

따라서 다음 식과 같이 된다.

$$\sqrt{(ac-bd)^2 + (ad+bc)^2}(\cos \gamma + i \sin \gamma)$$
$$= \sqrt{(a^2+b^2)(c^2+d^2)}(\cos \gamma + i \sin \gamma)$$

이 시점에서 복소수의 곱셈은 절댓값을 곱한다는 추측이 맞는다는 것을 알 수 있다. 그렇다면 각도는 어떻게 되었을까?

곱셈을 극형식으로 진행해보자.

$$(a+bi)(c+di)$$
$$= \sqrt{a^2+b^2}(\cos \alpha + i \sin \alpha)\sqrt{c^2+d^2}(\cos \beta + i \sin \beta)$$
$$= \sqrt{a^2+b^2}\sqrt{c^2+d^2}(\cos \alpha + i \sin \alpha)(\cos \beta + i \sin \beta)$$

실수부와 허수부를 의식하면서 곱셈하면 다음과 같다.

$$= \sqrt{a^2 + b^2}\sqrt{c^2 + d^2}\,(\cos\alpha\cos\beta - \sin\alpha\sin\beta$$
$$+ i(\sin\alpha\cos\beta + \cos\alpha\sin\beta)$$

가법정리가 등장했다. 그러므로

$$= \sqrt{a^2 + b^2}\sqrt{c^2 + d^2}\{\cos(\alpha + \beta) + i\sin(\alpha + \beta)\}$$

다음 식을 통해 $\alpha + \beta = \gamma$ 라는 것을 알 수 있다.

즉 복소수의 곱셈은 (크기)×(크기)이며 각각의 각도는 더한다.

그런데 중학교 때 음수끼리 곱셈한 결과가 양수가 된다는 것 대해 의문을 가진 사람이 적은 이유는 무엇일까? 사실 앞에 나온 생각을 활용하면 설명이 된다.

즉 $(-2)\times(-3) = |2|\times|3| = 6$이고 각도는 $180° + 180° = 360°$로 결국 양수가 된다.

편리한 각도 덧셈 공식 동영상 ▶Vol.16

〈드무아브르의 정리〉

$$(\cos\theta + i\sin\theta)^n = \cos n\theta + i\sin n\theta$$

이 정리는 복소수의 곱셈이 (크기)×(크기)이고 각도를 더한다는 점에서 명백한 정리라고 할 수 있다. 이 정리는 매우 편리한데 이것과 파스칼의 삼각형을 사용하면 삼배각, 사배각, 오배각의 공식 등을 용이하게 도출할 수 있다 ([그림 29]). 드무아브르의 정리를 이용해 '삼배각의 공식'을 도출해보자.

$$
\begin{array}{ccccccc}
 & & & 1 & & & \\
 & & 1 & & 1 & & \\
 & 1 & & 2 & & 1 & \\
1 & & 3 & & 3 & & 1
\end{array}
$$

1 2 1 ·········· $a^2 + 2ab + b^2$

1 3 3 1 ········ $a^3 + 3a^2b + 3ab^2 + b^3$

1 4 6 4 1 ····· $a^4 + 4a^3b + 6a^2b^2 + 4ab^3 + b^4$

1 5 10 10 5 1 ··· $a^5 + 5a^4b + 10a^3b^2 + 10a^2b^3 + 5ab^4 + b^5$

[그림 29] 파스칼의 삼각형 $(a+b)^n$의 계수를 간단히 구한다.

삼배각의 공식

$$(\cos\theta + i\sin\theta)^3 = \cos 3\theta + i\sin 3\theta$$

좌변을 일반적으로 전개하면 다음과 같다.

$$\cos^3\theta + i(3\cos^2\theta\sin\theta) - 3\cos\theta\sin^2\theta - i\sin^3\theta$$

실수부와 허수부를 정리하면 다음과 같다.

$$\cos 3\theta = \cos^3\theta - 3\cos\theta\sin^2\theta$$
$$\sin 3\theta = -\sin^3\theta + 3\cos^2\theta\sin\theta$$

$\sin^2\theta + \cos^2\theta = 1$을 이용해서 정리하면 도출할 수 있다. 4배각, 5배각도 파스칼 삼각형과 함께 사용하면 금방 도출할 수 있다.

▶ $a^0=1$, $a^{-2}=\dfrac{1}{a^2}$인 이유 동영상 ▶Vol.17

예를 들어 $\dfrac{6^5}{6^3}=6^{5-3}=6^2$, $(5^2)^3=(5\times5)\times(5\times5)\times(5\times5)$ $=5^6$ 등과 같은 식은 명백하다고 할 수 있다. 그리고 다음과 같은 식도 명백하다.

일반적으로 m, n이 자연수이고 $m>n$면,

$$\dfrac{a^m}{a^n}=a^{m-n}, \quad (a^m)^n=a^{mn}$$

수학에서는 일단 만들어진 공식·정리에 대입하는 수치가 가능한 한 제한되지 않기를 바란다. 따라서 지수법칙에서도 m, n이 자연수이며 $m>n$라는 제한을 없애고 싶다.

$\dfrac{6^3}{6^3}$=1이라는 것이 확실하고 $m=n$에서도 앞에 나온 공식이 성립된다면 $6^{3-3}=6^0=1$이라고 할 수 있다. 0제곱을 1이라고 정의해두면 정합성이 유지된다.

또한 $m<n$인 경우도 $\dfrac{6^2}{6^5}=\dfrac{1}{6^3}$ 이므로 $6^{-3}=\dfrac{1}{6^3}$ 이며 일반적으로 다음 식과 같다.

$$a^{-m}=\dfrac{1}{a^m}$$

결국 이렇게 정의해두면 적합성이 높아진다.

$m,\ n$이 자연수가 아닐 때도 $(a^m)^n=a^{mn}$을 일반적으로 인정한다면 $(5^{\frac{1}{2}})^2=5^{\frac{1}{2}\times 2}=5^1=5$이며 $5^{\frac{1}{2}}$은 제곱했을 때 5가 되는 수(양수)이므로, $5^{\frac{1}{2}}=\sqrt{5}$라고 정의할 수 있다. 일반적으로 다음과 같다.

$$a^{\frac{n}{m}}=\sqrt[m]{a^n}$$

지수법칙을 이렇게 정의했을 때의 가장 큰 장점은 지수함수 $y=a^x$의 곡선이 매끄러워진다는 것이다. 0제곱을 0이라고 정의하면 지수함수는 일류 투수의 포크볼처럼 y축 부근에서 뚝 떨어져 버린다.

0제곱과 함께 처음 질문을 들은 사람이 0이라고 대답하고 싶어 하는 또 한 가지 대표적인 것으로 '0!'을 들 수 있다. 물론 이것은 '정의'이므로 0이라고 정의할 수도 있고 0이라는 값이든 아니든 상관없을 수도 있지만, 역시 적절하지 않은 경우가 대부분이다. 0!을 1이라고 했을 때 적합한 경우가 많고 정합성도 유지할 수 있어 1이라고 정의되었다.

$$\frac{4!}{4} = \frac{4 \cdot 3 \cdot 2 \cdot 1}{4} = 3 \cdot 2 \cdot 1 = 3!$$

$$\frac{3!}{3} = 2!$$

$$\frac{2!}{2} = 1!$$

$$\frac{1!}{1} = 0!$$

좌변은 확실히 1이므로 0! =1로 해두는 것이 적합할 것 같다.

0! =1이라고 정의했을 때 가장 적절하게 활용되는 경우가 '경우의 수' 계산이라고 할 수 있다. 예를 들어 7명에서 3명을 선택해 차례를 고려하여 나열하는 경우의 수는 $7 \times 6 \times 5$다.

공식적으로는 이것을 n명에서 k명을 선택해 나열하는 경우의 수가 $_nP_k$라고 표기하지만, 식으로 나타내면

$$\overbrace{n(n-1)(n-2) \cdots\cdots (n-k+1)}^{k개}$$ 이 되므로 기록 방식이 깔끔하지 않다.

그래서 좀 더 연구가 진행되었고 $_7P_3$을 계산할 때 우선 7명 전원을 나열한 후 거기서 실제로는 줄을 서지 않는 4명의 나열 방법을 나눗셈으로 소거한다고 생각하면 다음과 같이 된다.

$$\frac{7 \cdot 6 \cdot 5 \cdot 4 \cdot 3 \cdot 2 \cdot 1}{4 \cdot 3 \cdot 2 \cdot 1} = \frac{7!}{(7-3)!} = \frac{7!}{4!}$$

일반적으로 n명 중 k명을 선택하고 순서를 고려하여 나열하는 경우의 수는 $\frac{n!}{(n-k)!}$ 이다. 그런데 이 공식을 모든 사람을 나열하는 경우에도 적용하면 $\frac{n!}{(n-n)!} = \frac{n!}{0!}$ 이 되어 0!이 나온다. 모든 사람을 나열하는 경우의 수는 당연히 n! 이므로 0!=1이라고 정의하는 것이 적절하다.

죽는 순간까지 멈추지 않았던 계산

오일러의 논문 작성 속도는 심지어 인쇄 속도보다 빠르다는 말이 있었을 정도다. 인쇄되길 기다리다 지루해진 나머지 또 논문을 써내곤 했고, 인쇄 업자가 본래 가져가려던 논문이 새로 쓴 논문 더미에 묻혀 찾지 못해 결국 나중에 쓴 논문이 먼저 출판되기도 했다고 한다. 오일러는 수학 역사상 가장 많은 글을 남긴 사람으로 알려져 있으며 수학 외에도 물리학, 화학, 생물학, 지구과학, 천문학, 의학, 공학, 식물학, 역사학, 문학 등 다루지 않은 분야가 없었다.

미국의 유명한 논평가 앤니 루니기 이런 말을 남겼다. '모든 사람은 산 정상에 올라 행복하기를 원한다. 하지만 모든 행복과 성장은 당신이 산을 오르고 있을 때 발생한다.' 죽는 순간까지 수학이라는 거대한 산을 쉴 새 없이 올랐던 오일러는 진심으로 행복했을 것이다.

- 출처: 〈주간동아〉 1237호, p52~54, 과학 커뮤니케이터 궤도 nasabolt@gmail.com

제 **7** 장

핵심 '$e^{i\pi}=-1$'을 향해

다른 식으로 나타내본다 동영상▶Vol.18 윤황현▶Vol.16

지금까지 다양한 정의와 그로부터 도출되는 정리·공식에 대해 설명했다. 이제 이 책의 주제인 오일러의 공식에 대해 알아보자.

$$e^{i\theta} = \cos\theta + i\sin\theta$$
$$e^{i\pi} = -1$$

먼저 공식과 관련된 $y=e^x$, $y=\cos x$, $y=\sin x$의 세 가지 함수를 다른 식으로 나타내는 것에 대해 생각해보자.

우선 직선식은 두 개의 점이 정해지면 그 점들을 지나는 선이 하나 정해진다. 그리고 포물선(이차함수)은 동일 직선상이 아닌 곳에 세 점이 정해지면 그 점들을 지나는 선이 하나 정해진다.

왜냐하면 직선식(일차함수)은 $y=ax+b$라는 형태로 되어 있을 때, 예를 들면 (2, 5), (−1, −1)을 지난다는 것을 알 수 있을 경우

$$\begin{cases} 5=2a+b \\ -1=-a+b \end{cases}$$

위와 같은 연립방정식을 풀어 $(a, b)=(2, 1)$과 같이 하나뿐인 답이 결정되고 한 개의 직선이 결정되기 때문이다.

마찬가지로 포물선(2차 함수)의 식은 $y=ax^2+bx+c$라는 형태를 하고 있고 동일 직선상이 아닌 곳에 3점이 정해지면 2점일 때와 마찬가지로 a, b, c라는 세 개의 미지수에 대해 일차식 세 개가 생긴다. 그것을 풀면 한 개의 해가 결정되고 한 개의 포물선이 확정된다.

이것을 일반화하면 n점을 선택했을 때 $(n-1)$차 함수가 정해진다고 할 수 있다.

$y=e^x$, $y=\cos x$, $y=\sin x$ 각각의 함수상의 점을 n개 선택해 $(n-1)$차 함수를 만든다고 하자. 여기서 n을 무한대라고 하면 각각의 함수와 일치하는 x의 고차식이 가능할 것이라는 발상이다.

이러한 발상이 수학적으로 맞는다는 점을 엄격하게 증명하는 것은 어려우므로 여기서는 생략하지만, 맞을 것 같다는 생각은 쉽게 할 수 있을 것이다.

$y=e^x$, $y=\cos x$, $y=\sin x$를 x의 고차식으로 나타내려고 할 때 각 항의 계수를 결정한다. 이 경우 앞에 나온 일차함수, 이차함수와 같이 점을 선택해서 식의 일반형에 대입한 후 연립방정식을 푸는 방법이 아니라, '$y=e^x$은 미분해도 식이 변하지 않는다', '$y=\cos x$, $y=\sin x$는 네 번 미분하면 원래의 식으로 돌아간다(이것은 나중에 실제로 미분해보겠다)'라는 성질을 이용해 x의 고차식으로 나타낼 때의 계수를 결정한다.

$$e^x = a_0 + a_1 x + a_2 x^2 + a_3 x^3 + \cdots + a_n x^n + \cdots\cdots ①$$

식 ①의 x에 0을 대입한다.

$$e^0 = 1 = a_0$$

다음에 식 ①의 양변을 미분한다.

$$(e^x)' = e^x = a_1 + 2a_2x + 3a_3x^2 + 4a_4x^3 + \cdots\cdots ②$$

식 ②의 x에 0을 대입한다.

$$e^0 = 1 = a_1$$

식 ②를 미분한다.

$$(e^x)' = e^x = 2a_2 + 3 \cdot 2a_3x + 4 \cdot 3a_4x^2 + \quad \cdots\cdots ③$$

식 ③의 x에 0을 대입한다.

$$e^0 = 1 = 2a_2$$
$$a_2 = \frac{1}{2!}$$

2=2!이므로 2!로 한다. 그 이유는 나중에 알 수 있다.

식 ③을 더 미분한다.

$$(e^x)' = e^x = 3 \cdot 2a_3 + 4 \cdot 3a_4x^2 + \cdots\cdots ④$$

식 ④의 x에 0을 대입한다.

$$e^0 = 1 = 3 \cdot 2a_3$$

$$a_3 = \frac{1}{3!}$$

계속해서 같은 작업을 반복하면 $a_4 = \frac{1}{4!}$, $a_5 = \frac{1}{5!}$, $a_6 = \frac{1}{6!}\cdots$이 된다. 그러므로 다음과 같이 된다.

$$e^x = \frac{1}{0!} + \frac{1}{1!}x + \frac{1}{2!}x^2 + \frac{1}{3!}x^3 + \frac{1}{4!}x^4 + \frac{1}{5!}x^5 + \frac{1}{6!}x^6 +$$

$$\cdots + \frac{1}{n!}x^n$$

(0!을 1이라고 정의해두기를 잘했다.)

마찬가지로 $\cos x$도 x의 고차식으로 나타낸다.

$$\cos x = a_0 + a_1 x + a_2 x^2 + a_3 x^3 + \cdots + a_n x^n + \cdots \cdots \text{①}$$

$x=0$을 대입하면 다음 식과 같이 된다.

$$\cos 0 = 1 = a_0$$

식 ①을 미분한다.

$$(\cos x)' = -\sin x = a_1 + 2a_2 x + 3a_3 x^2 + 4a_4 x^3 + \cdots \cdots \text{②}$$

식 ②의 x에 0을 대입한다.

$$-\sin 0 = 0 = a_1$$

식 ②를 미분한다.

139

$(-\sin x)' = -\cos x = 2a_2 + 3 \cdot 2a_3 x + 4 \cdot 3a_4 x^2 + \cdots\cdots ③$

식 ③의 x에 0을 대입한다.

$-\cos 0 = -1 = 2a_2 \qquad a_2 = -\dfrac{1}{2!}$

식 ③을 미분한다.

$(-\cos x)' = \sin x = 3 \cdot 2a_3 + 4 \cdot 3a_4 x + \cdots\cdots ④$

식 ④에 $x = 0$을 대입한다.

$\sin 0 = 0 = 3 \cdot 2a_3$

$a_3 = 0$

식 ④를 미분한다.

$(\sin x)' = \cos x = 4 \cdot 3 \cdot 2a_4 + 5 \cdot 4 \cdot 3 \cdot 2a_5 x \cdots$

다시 $\cos x$가 나왔다. 이렇게 미분을 반복하면 좌변은 다음과 같으며, 4개씩 주기가 이루어진다는 것을 알 수 있다.

$$(\cos x \rightarrow -\sin x \rightarrow -\cos x \rightarrow \sin x) \rightarrow$$
$$(\cos x \rightarrow -\sin x \rightarrow -\cos x \rightarrow \sin x) \rightarrow \cdots$$

따라서 $\cos x$를 x의 고차식으로 나타내면 다음과 같다.

$$\cos x = \frac{1}{0!} - \frac{1}{2!}x^2 + \frac{1}{4!}x^4 - \frac{1}{6!}x^6 \cdots$$

$\sin x$도 같은 순서로 구할 수 있지만, 지금 겨우 $\cos x$를 도출했으므로 $(\cos x)' = -\sin x$를 이용하면 다음과 같이 된다.

$$\cos x = \frac{1}{0!} - \frac{1}{2!}x^2 + \frac{1}{4!}x^4 - \frac{1}{6!}x^6 + \frac{1}{8!}x^8 \cdots$$

이 양변을 미분하면 다음과 같다.

$$(\cos x)' = -\sin x = 2 \cdot \frac{1}{2!}x + 4 \cdot \frac{1}{4!}x^3 - 6 \cdot \frac{1}{6!}x^5$$

$$+ 8 \cdot \frac{1}{8!}x^7 \cdots$$

-1을 곱하고 $\dfrac{n}{n!} = \dfrac{1}{(n-1)!}$ 이므로 다음 식과 같이 된다.

$$\sin x = \frac{1}{1!}x - \frac{1}{3!}x^3 + \frac{1}{5!}x^5 - \frac{1}{7!}x^7 \cdots$$

◀ 드디어 정상 도착!

$y = e^x$, $y = \cos x$, $y = \sin x$를 x의 고차식으로 나타내고 정리해보자.

$$e^x = \frac{1}{0!} + \frac{1}{1!}x + \frac{1}{2!}x^2 + \frac{1}{3!}x^3 + \frac{1}{4!}x^4 + \frac{1}{5!}x^5 + \frac{1}{6!}x^6$$

$$\cos x = \frac{1}{0!} \qquad -\frac{1}{2!}x^2 \qquad +\frac{1}{4!}x^4 \qquad -\frac{1}{6!}x^6$$

$$\sin x = \qquad \frac{1}{1!}x \qquad -\frac{1}{3!}x^3 \qquad +\frac{1}{5!}x^5 \cdots\cdots$$

이 식을 자세히 살펴보면 $e^x = \cos x + \sin x$로 되었을 것 같지 않다. 하지만 너무 아쉽다.

이 식의 x는 변수이므로 어떤 숫자를 넣어도 상관없다. 실수라면 아무도 이의를 제기하지 않을 것이다. 그렇다면 x에 대담하게 $i\theta$를 대입해보자(복소수를 지수로 사용하는 것은 자유지만 복소수를 지수에 사용하는 경우의 정의와 그렇게 정의함으로써 어떻게 정합성이 유지되는가에 대해서는 엄밀한 논의가 필요하다. 여기서는 논의를 생략하고 '인정해주세요'라고 간청하면서 넘어간다).

그렇다면,

$$e^{i\theta} = \frac{1}{0!} + \frac{1}{1!}i\theta + \frac{1}{2!}(i\theta)^2 + \frac{1}{3!}(i\theta)^3 + \frac{1}{4!}(i\theta)^4$$
$$+ \frac{1}{5!}(i\theta)^5 + \frac{1}{6!}(i\theta)^6 \cdots$$

$i^2 = -1$, $i^4 = 1$, x를 θ로 하고 $\sin x$의 식에서 양변에 i를 곱하면 다음과 같이 된다.

$$e^{i\theta} = \frac{1}{0!} + \frac{1}{1!}i\theta - \frac{1}{2!}\theta^2 - \frac{1}{3!}i\theta^3 + \frac{1}{4!}\theta^4 + \frac{1}{5!}i\theta^5$$

$$\cos\theta = \frac{1}{0!} \qquad -\frac{1}{2!}\theta^2 \qquad +\frac{1}{4!}\theta^4$$

$$i\sin x = \qquad \frac{1}{1!}i\theta \qquad -\frac{1}{3!}i\theta^3 \qquad +\frac{1}{5!}i\theta^5$$

이와 같이 멋지게 도출했다.

$$e^{i\theta} = \cos\theta + i\sin\theta$$

그리고 θ에 π를 대입하면 $\cos\pi=-1$, $\sin\pi=0$이므로 다음과 같이 된다.

$$e^{i\pi}=-1$$

드디어 산 정상에 도달했다! 축하한다!

◆ 드무아브르의 정리에 의한 접근 동영상▶Vol.19 윤황현▶Vol.17

지금부터 드무아브르 정리 $(\cos\theta+i\sin\theta)^n=\cos n\theta+i\sin n\theta$를 이용해 $e^{i\theta}=\cos\theta+i\sin\theta$를 도출하는 내용에 대해 이야기해보자. 개인적으로는 이 과정이 깔끔하고 우아하다고 생각하지만, 수학적 논의 면에서는 엉성한 부분이 있기 때문에 전문가에게 혼날 수도 있다는 점을 먼저 밝힌다.

e의 정의는 $e=\lim\limits_{n\to\infty}\left(1+\dfrac{1}{n}\right)^n$과 같다. 이와 유사한 다음 식의 값을 생각해보자.

$$\lim_{n \to \infty} \left(1 + \frac{2}{n}\right)^n$$

e는 $\lim_{n \to \infty} \left(1_{\text{㉮}} + \dfrac{1_{\text{㉯}}}{n_{\text{㉱}}}\right)^{n_{\text{㉲}}}$ 의 ㉮와 ㉯가 모두 1이고, ㉱와 ㉲가 같은 값이면서 무한대면 된다.

$$\lim_{n \to \infty} \left(1 + \frac{2}{n}\right)^n$$

한편 이 식은 ㉯ 부분이 2로 되어 있기 때문에 e가 아니다. 하지만 e와 밀접한 관계가 있는 것 같다.

㉯ 부분은 분자고, 분수의 분모와 분자는 0 이외의 수 중 어떤 것을 곱하거나 나눠도 되므로 2로 나누면 ㉯ 부분이 1로 되고 ㉮와 ㉯ 모두 1이라는 조건을 만족한다.

$$\lim_{n \to \infty} \left(1 + \frac{1}{\dfrac{n}{2}}\right)^n$$

그리고 ㉮와 ㉯ 모두 무한대이기는 하지만 '똑같다'는 조건을 충족하지는 못한다.

$$\lim_{n\to\infty}\left(1+\cfrac{1}{\cfrac{n}{2}}\right)^{\frac{n}{2}\times 2}$$

따라서 이렇게 변형되면,

$$\left\{\lim_{n\to\infty}\left(1+\cfrac{1}{\cfrac{n}{2}}\right)^{\frac{n}{2}}\right\}^2$$

이와 같이 되어,

$$\lim_{n\to\infty}\left(1+\frac{2}{n}\right)^n=e^2$$

으로 도출할 수 있다. 2를 a로 바꾸면 일반적으로 다음과 같이 된다.

$$\lim_{n\to\infty}\left(1+\frac{a}{n}\right)^n=e^a$$

여기서 'a에 $i\theta$를 대입해도 되지 않을까'라고 생각했다
(전문가에게 혼날 수 있는 부분이다. 복소수를 지수로 아무 논의 없
이 이용한다는 점이 수학적으로 엉성하다. 하지만 여기서는 인정해도
된다고 생각하자).

$$e^{i\theta} = \lim_{n\to\infty}\left(1 + \frac{i\theta}{n}\right)^n$$

그런데 $\lim\limits_{n\to\infty}\dfrac{\theta}{n} = 0$이다. 따라서,

$\lim\limits_{n\to\infty}\cos\dfrac{\pi}{n} = 1$과 $\lim\limits_{x\to 0}\dfrac{\sin x}{x} = 1$에서,

$\lim\limits_{n\to\infty}\dfrac{\sin\dfrac{\theta}{n}}{\dfrac{\theta}{n}} = 1,\ \lim\limits_{n\to\infty}\sin\dfrac{\theta}{n} = \lim\limits_{n\to\infty}\dfrac{\theta}{n}$이므로 다음과 같이

된다.

$$e^{i\theta} = \lim_{n\to\infty}\left(1 + \frac{i\theta}{n}\right)^n = \lim_{n\to\infty}\left(\cos\frac{\theta}{n} + i\sin\frac{\theta}{n}\right)^n$$

드무아브르의 정리에서

$$e^{i\theta} = \lim_{n \to \infty}\left(\cos\frac{\theta}{n} \times n + i\sin\frac{\theta}{n} \times n\right) = \cos\theta + i\sin\theta$$

라고 도출했다.

제 **8** 장

오일러가 푼 '바젤 문제'

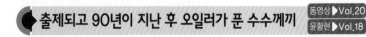

출제되고 90년이 지난 후 오일러가 푼 수수께끼

동영상 ▶ Vol.20
윤황현 ▶ Vol.18

이것으로 인류의 보물인 '$e^{i\pi}=-1$'을 두 가지 접근법으로 나타낼 수 있었다.

중간에 나온 식은 다음과 같다.

$$\sin x = \frac{1}{1!}x - \frac{1}{3!}x^3 + \frac{1}{5!}x^5 - \frac{1}{7!}x^7 \cdots\cdots$$

이를 이용해 제곱수 역수의 합을 구해본다. 제곱수 역수의 합은 다음과 같은 식으로 나타낼 수 있다.

$$\lim\left(\frac{1}{1^2} + \frac{1}{2^2} + \frac{1}{3^2} + \frac{1}{4^2} + \cdots\cdots + \frac{1}{n^2}\right) = \sum_{n=1}^{\infty} \frac{1}{n^2}$$

이 문제는 출제되고 90여 년이 지난 후 오일러에 의해 해결되었다. 이 계산은 언뜻 보기에 원과 관계가 없는 것 같지만 이상하게도 결과에 π가 등장했다.

지금부터 이야기하는 것은 오일러가 이 식의 값을 예상한 순서일 뿐 증명은 아니라는 점에 양해를 구한다.

천재 중의 천재인 오일러가 이 결론을 예상하고 증명하기까지 10년 정도 걸렸다고 한다. 워낙 난해해서 필자는 증명할 수 없지만 예상 경위는 설명할 수 있으므로 잘 따라오기 바란다.

먼저 이 식의 값은 $\frac{\pi^2}{6}$이다. 분모와 분자는 자연수뿐인데 결과에서 π가 등장한다는 것 자체가 이상하다. 게다가 π를 제곱한다는 점에서도 위화감이 느껴진다. 입시 문제의 답에 π^2이 나오면 일반적으로 계산 오류를 의심한다. 어지간히 인위적으로 만들어진 계산 문제가 아니라면 π를 제곱하는 경우는 거의 없다.

천재인 오일러는 이 식의 값을 예상하기 위해 $\sin x$의 함수를 이용했다. 그런 발상을 떠올렸다는 사실이 진심으로 감탄스럽다. 하부 요시하루(羽生善治)라는 일본의 장기 명인은 때때로 마술과 같은 묘수를 보여줬는데, 다른 프로 장기 기사들은 그 수를 보고 "내가 평생 숙고해도 생각해낼 수 없는 수"라고 말했다고 한다. 오일러, 하부 요시하루와 같은 천재 중의 천재는 일반 사람과 완전히 다르며, 일반인은 그런 천재들의 발상을 뒤따라갈 수밖에 없다는 생각이 든다.

$\sin x$의 그래프는 [그림 29]와 같은 사인곡선에서 x축과 원점 및 $\pm\pi$, $\pm2\pi$, $\pm3\pi$ … $\pm n\pi$에서 교차한다.

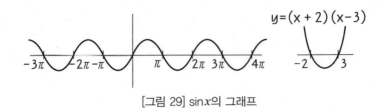

[그림 29] $\sin x$의 그래프

예를 들어 x축과 $x=-2$, $x=3$에서 교차하는 포물선의 경우 $y=(x+2)(x-3)$으로 인수분해되도록 x축과 0, $\pm\pi$, $\pm2\pi$, $\pm3\pi$, $\pm4\pi$ … $\pm n\pi$에서 교차하는 사인곡선이 다음과 같이 인수분해되는 것이 아닐까 생각된다.

$$y=x(x-\pi)(x+\pi)(x-2\pi)(x+2\pi)(x-3\pi)$$

$$\cdots(x+n\pi)\cdots\cdots ①$$

그러나 $\sin x$를 x의 고차식으로 나타낸 것은 다음 식과 같다.

$$\sin x = \frac{1}{1!}x - \frac{1}{3!}x^3 + \frac{1}{5!}x^5 - \frac{1}{7!}x^7 \cdots\cdots ②$$

그런데 ①의 식을 전개하면 x의 1차 항은 다음과 같이 된다.

$$x(-\pi)\pi(-2\pi)2\pi(-3\pi)\cdots$$

따라서 ②의 식에 나온 x의 일차 계수인 1과 일치하지 않는다.

이때 오일러는 다음과 같은 생각을 떠올렸다(천재이므로). 'x에 $\pm n\pi$를 대입하면 0이 되고, 전개했을 때 x의 일차 계수가 1이 되도록 할 수는 없을까.'

$$y = x(x-\pi)(x+\pi)(x-2\pi)(x+2\pi)(x-3\pi)(x+3\pi)$$
$$\cdots(x+n\pi)$$

이 식에 있는 모든 괄호 안 내용의 앞뒤를 바꾼다.

$$y = x(\pi - x)(\pi + x)(2\pi - x)(2\pi + x)(3\pi - x)(3\pi + x)$$
$$\cdots (n\pi + x)$$

이렇게 하면 x에 0, $\pm\pi$, $\pm 2\pi$, $\pm 3\pi$ $\cdots$ $\pm n\pi$를 대입했을 때 우변은 0이 된다.

그리고 예를 들어 $2\pi - x$에 $x = 2\pi$를 대입하면 0이 된다. 0은 무엇으로 나눠도(0 제외) 결과가 0이므로, $2\pi - x$를 2π로 나눈다. 그렇게 해서 얻어진 것이 다음 식이다.

$$1 - \frac{x}{2\pi}$$

다음은 같은 작업을 모든 괄호에서 수행해 얻은 식을 나타낸 것이다.

$$y = x\left(1 - \frac{x}{\pi}\right)\left(1 + \frac{x}{\pi}\right)\left(1 - \frac{x}{2\pi}\right)\left(1 + \frac{x}{2\pi}\right)$$

$$\left(1 - \frac{x}{3\pi}\right)\left(1 + \frac{x}{3\pi}\right)\cdots\left(1 + \frac{x}{n\pi}\right)\cdots\cdots ③$$

x에 $0,\ \pm\pi,\ \pm2\pi,\ \pm3\pi,\ \pm4\pi\cdots\pm n\pi$를 대입하면 0이 된다. 또한 전개했을 때 x의 일차 계수는 1이 된다.

이것은 ②의 식과 ③의 식 모두 $x=0,\ \pm\pi,\ \pm2\pi,\ \pm3\pi,$ $\pm4\pi\cdots\pm n\pi$에서 x축과 교차되고 x의 일차 계수가 일치하므로 같은 식이라고 생각하고 싶지만, 그렇다고 단언할 수는 없다. 따라서 일치한다고 가정해보자. 그러면 x의 삼차 계수도 일치할 것이다.

③의 식에서 이웃한 괄호끼리 곱해보면 합과 차의 곱의 공식을 이용하여 다음과 같은 식을 도출할 수 있다.

$$y = x\left(1 - \frac{x^2}{\pi^2}\right)\left(1 - \frac{x^2}{2^2\pi^2}\right)\left(1 - \frac{x^2}{3^2\pi^2}\right)\left(1 - \frac{x^2}{4^2\pi^2}\right)$$

$$\cdots\left(1 - \frac{x^2}{n^2\pi^2}\right)$$

그리고 ③의 식을 전개하면(A, B, C, D는 어떤 정수) 다음과 같이 된다.

$$y = x - \frac{x^3}{\pi^2}\left(\frac{1}{1^2} + \frac{1}{2^2} + \frac{1}{3^2} + \frac{1}{4^2} \cdots + \frac{1}{n^2}\right)$$

$$+ \frac{x^5}{A\pi^4}B - \frac{x^7}{C\pi^6}D + \cdots$$

②의 식과 ③의 식이 일치한다면 x의 삼차 계수가 일치하는 것이므로, 각각의 계수 부분을 빼내 =로 연결한다.

$$-\frac{1}{3!} = -\frac{1}{\pi^2}\left(\frac{1}{1^2} + \frac{1}{2^2} + \frac{1}{3^2} + \frac{1}{4^2} \cdots + \frac{1}{n^2}\right)$$

양변에 $-\pi^2$을 곱하면 다음과 같이 된다.

$$\frac{\pi^2}{6} = \left(\frac{1}{1^2} + \frac{1}{2^2} + \frac{1}{3^2} + \frac{1}{4^2} \cdots + \frac{1}{n^2}\right)$$

오일러는 이러한 경로를 통해 '바젤 문제'의 해를 예상했던 것 같다. 그렇게 해서 증명하는 작업에 착수한 것이다.

이상으로 고등학생 때 수학 0점을 남발하던 일반인이 인류 역사상 최강의 수학자라고 할 수 있는 오일러의 머릿속을 (극히 일부이기는 하지만) 들여다보는 시도를 마치겠다. 이 책을 끝까지 읽고 동영상도 함께 활용한 분들께 감사하다는 말씀을 드리고 싶다.

마치며

필자는 학원에서 강사로 일할 때 "수학은 우리 생활에 어떤 쓸모가 있나요?"라는 학생들의 질문에 "아무 쓸모없어요."라고 대답하곤 했다. 명확한 사실이기 때문이다.

이렇게 말하면 너무 노골적인 것 같지만, 그 질문을 던진 학생은 '이차방정식을 풀지 못하면 업무를 처리하는 데 지장이 있나요?', '함수를 모르면 취직할 수 없나요?'라는 의미로 질문한 것 같다. 즉 수학을 공부하면 돈이 되는지, 못하면 길거리를 헤매야 하는 것인지 묻고 싶었던 것이라 생각한다. 그래서 "피아노나 야구처럼 그것을 생업으로 하는 사람이라면 실력이 좋을 경우 돈을 잘 벌고 그렇지 못하면 힘들어지겠지요. 그러나 다른 직업을 갖고 있는 사람이 피아노나 야구를 잘 못한다고 해서 해고되지는 않습니다. 업무 중에는 수학이 필요 없는 경우도 많고 그런 일을 한다면 수학을 못해도 아무 지장이 없지요. 그런 의미에서 수학이 쓸모없다고 얘기한 것입니다."라고 덧붙였다.

그렇다면 직업으로 삼지 않은 사람이 피아노를 잘 치는 것은 가치가 없는 일일까? 필자는 피아노를 전혀 못 치지만 피아노를 잘 치면 좋겠다는 생각을 하곤 했다. 물론 피아노 연주로 돈을 벌고 싶다는 생각은 아니었고, 단순히 피아노를 잘 치면 인생이 좀 더 풍요로워질 것 같다는 느낌이었다. 한편 운동은 야구보다 더 좋아하는 종목이 있었기 때문에 야구를 잘하고 싶다는 생각은 한 적이 없었다.

개인적인 예를 들어서 미안하지만, 수학도 피아노나 야구와 같은 맥락이라고 생각한다. 좋으면 하고 싫으면 안 하는 것이다. 그리고 좋아하는 일을 잘했을 때 인생이 조금 더 풍요로워질 수 있다고 생각하는 것뿐이다.

또 다른 예로, 이 책에서 다룬 이차방정식의 '근의 공식'을 들어본다. 예전에 어떤 저명한 작가가 "이차방정식 등은 사회에 나왔을 때 전혀 도움이 되지 않으므로 추방해야 한다."라고 발언했고, 이를 계기로 중학교 교과서에서 근의 공식이 삭제된 일이 있었다. 이 발언에서 '이차방정식 등은'이라는 부분을 '당신의 저서 등은'으로 바꿔도 같은 맥락으로 볼 수 있다는 점을 이 작가는 몰랐을까. 이차방정식이라고 한정했기 때문에 받아들여졌을 수도 있지만, 이론상으로는 범위를 조금 더 넓혀 '수학 등은 사회에서 아무 도움도 되지 않으므로 추방해야 한다.'라는 말과 일맥상통한다고 할 수 있다.

필자는 수학도 다른 과목이나 예술, 스포츠와 마찬가지로 '좋으면 하고 싫으면 할 필요가 없다.'고 생각한다. 그렇다고 수학을 싫어하는 학생이 많은 학교에서 수학을 배제해도 좋다는 의미는 아니다. 인기가 없고 미래의 업무에 직접적으로 도움이 되지 않는 과목(기타 모든 활동)을 모두 배제한다면 학교에서 배울 것은 아무것도 없을 것이다.

당연한 말이지만 사람은 모두 다르며 다양한 사람이 모이는 장소가 학교다. 무엇을 좋아하고 무엇을 싫어하는지, 무엇을 잘하는지는 체험을 통해 알 수 있다. 따라서 학교에서는 모든 학생들이 가능한 한 많은 체험을 할 수 있도록 기회를 제공해야 하며 그중에서 각자 잘하는 분야, 좋아하는 일을 발견하도록 하는 것이 바람직하다.

근의 공식을 도출함으로써 모든 이차방정식을 풀 수 있다는 데 감동을 받는 사람도 분명 있을 것이다. 그리고 그중에서 '그렇다면 삼차방정식은? 사차방정식은 어떨까?'라고 생각하는 사람도 나올 수 있다. 소수라고 해서 그것을 교과서에서 배제해 버리면, 근의 공식을 도출하는 과정에 감동하거나 삼차방정식의 근의 공식을 떠올릴 가능성을 아예 싹부터 잘라버리게 된다.

시험을 위해 공식만 달달 외워 답을 찾는 방법으로 계속 공부함으로써 수학을 혐오하게 된 사람이라면 처음부터 이 책을 선택하지 않았을 것이다. 또한 여기까지 읽은 사람이라면 이차방정식의 근의 공식을 '도출하는 과정'에 관심이 있을 것이라고 생각한다. '인류의 보물'이라고 불리는 오일러의 항등식 '$e^{i\pi} = -1$'을 이해하기까지 한 단계 한 단계 실력을 쌓아나간다는 이 책의 의도가 여러분의 마음에 조금이나마 여유를 부여했기를 바란다.

마지막으로, 이 책의 내용을 감수하는 데 도움을 주신 구리사키 요시노리(栗崎義紀) 씨에게 이 자리를 빌려 감사하다는 말씀을 전하고 싶다.

스즈키 칸타로(鈴木貫太郎)

저자 **스즈키 칸타로**(鈴木貫太郎)

1966년 2월생으로 우라와 고등학교에 진학했다. 고등학교 시험 준비로 모든 것을 불태운 후 고등학교 시절 공부 면에서 완전히 낙오자가 되었다. 수학은 계속 0점이었고 성적은 학년 꼴찌(456등/456명)였다. 삼수해서 와세다대학교 사회과학부에 입학했다. 재학 중에 학원 강사(산수, 수학) 아르바이트를 시작했는데 정사원이 되면서 대학을 중퇴했다. 강사 시절에는 기출 수학 문제들에 대해 철저히 연구했다. 2017년부터 유튜브를 시작했다. 수업 형식의 동영상 하나로 일본에서 가장 빨리 100만 뷰를 달성했다.

이 책의 저자 직강 한글 자막 원서 해설 동영상 주소는 다음과 같다.
https://han.gl/02YKO

해설 강의 **윤황현**

이 책의 해설 강의를 담당한 윤황현 선생은 연세대학교 공과대학 금속공학과를 졸업했고 포스코(posco), 3M Korea에서 근무한 경력이 있다. 현재 유명 입시 학원에서 강의 중에 있다.

중학교 수학 실력이면 보이는
오일러의 공식

2021. 6. 22. 1판 1쇄 인쇄
2021. 6. 29. 1판 1쇄 발행

지은이 │ 스즈키 칸타로 지음
감역 │ 이경원
번역 │ 김희성
한글 자막 │ 이영란
해설 강의 │ 윤황현
펴낸이 │ 이종춘
펴낸곳 │ **BM** (주)도서출판 **성안당**

주소 │ 04032 서울시 마포구 양화로 127 첨단빌딩 3층(출판기획 R&D 센터)
      │ 10881 경기도 파주시 문발로 112 파주 출판 문화도시(제작 및 물류)

전화 │ 02) 3142-0036
      │ 031) 950-6300
팩스 │ 031) 955-0510
등록 │ 1973. 2. 1. 제406-2005-000046호
출판사 홈페이지 │ www.cyber.co.kr
ISBN │ 978-89-315-8255-0 (93410)

정가 │ 10,000원

이 책을 만든 사람들
책임 │ 최옥현
진행 │ 조혜란
본문 디자인 │ 김인환
표지 디자인 │ 박현정
홍보 │ 김계향, 유미나, 서세원
국제부 │ 이선민, 조혜란, 김혜숙
마케팅 │ 구본철, 차정욱, 나진호, 이동후, 강호묵
마케팅 지원 │ 장상범, 박지연
제작 │ 김유석

▶ **동영상**

한글 자막 이영란
한국어 동영상 윤황현
일본어 동영상 스즈키 칸타로

www.**cyber**.co.kr ★★★
성안당 Web 사이트

■ **도서 A/S 안내**

성안당에서 발행하는 모든 도서는 저자와 출판사, 그리고 독자가 함께 만들어 나갑니다.
좋은 책을 펴내기 위해 많은 노력을 기울이고 있습니다. 혹시라도 내용상의 오류나 오탈자 등이 발견되면 **"좋은 책은 나라의 보배"**로서 우리 모두가 함께 만들어 간다는 마음으로 연락주시기 바랍니다. 수정 보완하여 더 나은 책이 되도록 최선을 다하겠습니다.
성안당은 늘 독자 여러분들의 소중한 의견을 기다리고 있습니다. 좋은 의견을 보내주시는 분께는 성안당 쇼핑몰의 포인트(3,000포인트)를 적립해 드립니다.
잘못 만들어진 책이나 부록 등이 파손된 경우에는 교환해 드립니다.